上海i——住建设规范

城市道路交通规划标准

Standard for urban road transport planning

DG/TJ 08—2340—2020

J 15430—2020

主编单位:上海市政工程设计研究总院(集团)有限公司
批准部门:上海市住房和城乡建设管理委员会
施行日期:2021 年 4 月 1 日

同济大学出版社

2021　上海

图书在版编目(CIP)数据

城市道路交通规划标准/上海市政工程设计研究总院(集团)有限公司主编. —上海:同济大学出版社,2021.3

ISBN 978-7-5608-9770-7

Ⅰ.①城… Ⅱ.①上… Ⅲ.①城市规划-交通规划-技术标准 Ⅳ.①TU984.191-65

中国版本图书馆 CIP 数据核字(2021)第 026339 号

城市道路交通规划标准

上海市政工程设计研究总院(集团)有限公司　主编

策划编辑　张平官

责任编辑　朱　勇

责任校对　徐春莲

封面设计　陈益平

出版发行　同济大学出版社　　www.tongjipress.com.cn

　　　　　(地址:上海市四平路 1239 号　邮编:200092　电话:021-65985622)

经　　销　全国各地新华书店

印　　刷　浦江求真印务有限公司

开　　本　889mm×1194mm　1/32

印　　张　3.125

字　　数　84 000

版　　次　2021 年 3 月第 1 版　　2021 年 3 月第 1 次印刷

书　　号　ISBN 978-7-5608-9770-7

定　　价　30.00 元

本书若有印装质量问题,请向本社发行部调换　　版权所有　侵权必究

上海市住房和城乡建设管理委员会文件

沪建标定〔2020〕630号

上海市住房和城乡建设管理委员会
关于批准《城市道路交通规划标准》为
为上海市工程建设规范的通知

各有关单位：

由上海市政工程设计研究总院(集团)有限公司主编的《城市道路交通规划标准》，经我委审核，现批准为上海市工程建设规范，统一编号为 DG/TJ 08—2340—2020，自2021年4月1日起实施。

本规范由上海市住房和城乡建设管理委员会负责管理，上海市政工程设计研究总院(集团)有限公司负责解释。

特此通知。

上海市住房和城乡建设管理委员会

二〇二〇年十一月四日

前　言

　　根据上海市住房和城乡建设管理委员会《关于印发〈2017 年上海市工程建设规范编制计划〉的通知》(沪建标定〔2016〕1076号)要求,本标准由上海市政工程设计研究总院(集团)有限公司会同有关单位共同编制完成。

　　本标准在编制过程中,编制组经过广泛调研,认真总结国内外先进科研成果和大量实践经验,并在广泛征求意见的基础上,最后经审查定稿。

　　本标准共分 10 章,主要内容包括:总则;术语;基本规定;公共交通系统;慢行交通;货运交通;城市道路系统;客运枢纽;停车场与服务设施;智能交通服务与管理系统。

　　各单位及相关人员在执行本标准过程中,如有意见和建议,请反馈至上海市交通委员会(地址:上海市世博村路 300 号 1 号楼;邮编:200125;E-mail:shjtbiaozhun@126.com),上海市政工程设计研究总院(集团)有限公司(地址:上海市中山北二路 901 号;邮编:200092),或上海市建筑建材业市场管理总站(地址:上海市小木桥路 683 号;邮编:200032;E-mail:bzglk@zjw.sh.gov.cn),供今后修订时参考。

主 编 单 位:上海市政工程设计研究总院(集团)有限公司
参 编 单 位:上海交通大学
　　　　　　上海城市交通设计院有限公司
　　　　　　同济大学建筑设计研究院(集团)有限公司
主要起草人:袁胜强　于　宵　宣培培　李朝阳　陈红缨
　　　　　　裘连毅　陆惠丰　张品立　张佳妍　胡　程
　　　　　　黄晓清　张　毅　高克林　潘轶铠　陈仕瑜

　　　　　　谢轶剑　朱珺瑜　杨志杰　张伟略　周　宇
　　　　　　史程祥
主要审查人:彭国雄　徐　健　王维凤　高　岳　董明峰
　　　　　　周小鹏　唐国荣

　　　　　　　　　　　　上海市建筑建材业市场管理总站

目　次

Contents

1 总 则

1.0.1 为指导和规范本市城市道路交通规划,促进道路交通与城市用地布局协调发展,提高城市道路交通运行效率,提供安全、可靠、经济、舒适和环保的交通条件,结合本市特点,制定本标准。

1.0.2 本标准适用于本市各类城市道路交通规划。

1.0.3 城市道路交通规划应以城市总体规划、社会发展规划以及相关综合交通规划为依据。城市道路交通规划应以人为本,遵循安全、绿色、公平、高效、经济可行和协调的原则,因地制宜进行规划。

1.0.4 城市道路交通规划除应执行本标准外,尚应符合国家、行业和本市现行有关标准的规定。

2 术　语

2.0.1　出行　trip

有明确的活动目的，在城市道路上采用一种或多种交通方式从出发地向目的地移动的过程；移动过程超过 5 min 以上，或移动距离超过 400 m。

2.0.2　绿色交通　green transport

客货运输中，按人均或单位货物计算，占用城市交通资源和消耗的能源较少且污染物和温室气体排放水平较低的交通活动或交通方式。

2.0.3　当量小汽车　passenger car unit

以 4 座～5 座的小客车为标准车，作为各种型号车辆换算道路交通量的当量车种，单位为 pcu，换算系数宜按本标准附录 A.0.1 取值。

2.0.4　城市公共交通　urban public transport

由获得许可的营运单位或个人为城区内公众或特定人群提供的、具有确定费率的客运交通方式的总称。

2.0.5　标准公交车　standard transit bus

以车身长度 7 m～10 m(含)的公共汽电车为标准公交车。其他各种型号的车辆，按其不同的车身长度，分别乘以相应的换算系数，折算成标准车数，单位为标台，换算系数宜按本标准附录 A.0.2 取值。

2.0.6　公交换乘枢纽　public transport transfer junction

有 2 条及以上公共交通线路汇集的客流集散量较大的换乘车站组合。

2.0.7　线路长度　line length

沿公共交通线路的两个运行方向从起点站到终点站的里程

的平均值。

2.0.8　线路网比率　line network ratio

城市区域内,通行公交线路的道路长度的总和与城市道路长度总和之比,通常需扣除公路长度。

2.0.9　线路网密度　line network density

公共交通线路网通过道路长度的总和与对应的城市面积之比,通常需扣除城市面积中在技术上不适合公共交通服务的面积,如大型水域、公园、绿地等。

2.0.10　平均换乘次数　average transfer times

乘车出行人次与换乘人次之和除以乘车出行人次。

2.0.11　非直线系数　nonlinear factor

线路长度与起止点之间的直线距离之比。对于环形线路,为线路所经过的主要客流集散点之间里程与直线距离之比。

2.0.12　与其他单条线路重复度　overlap rate of one bus line and another

某条线路与其他任意一条线路在线路走向设置上的重合度,为重合长度与该条线路总长度之比。

2.0.13　公共交通车站　stop of public transport

在公共交通线路上,供运营车停靠、乘客候车和乘降的设有相应设施的场所。

2.0.14　架空触线　overhead contact-wire

由触线及悬挂装置组成的供电网。触线指与电动车辆的受电器相接触、向车辆供电的导线。

2.0.15　公交停车场　public transport parking lot

供公交运营车集中停放、备有必要设施、能进行低保和小修作业的场所。

2.0.16　公交保养场　public transport maintenance shop

在区域性线路网的重心处设置的进行公交运营车各级保养及相应的配件加工、修制和修车材料储存、发放的场所。

2.0.17 整流站 power rectifier substation

供给电车所需直流电源的变电站。

2.0.18 公共交通车辆调度中心 dispatch center for the public transport vehicle

对多条线路的公交运营车辆进行远程调度的场所,也是公交智能调度系统的数据通信中心、信息处理中心和图像显示中心。

2.0.19 辅助型公共交通 supplementary public transport

城市中满足特定人群出行需求的城市公共交通方式,简称辅助公交。如出租车、班车、校车、定制公交等。

2.0.20 有轨电车 tramway

通常由架空接触网供电、电动机驱动,依赖固定轨道行驶的公共交通工具,按道路公交模式组织运营的公共交通系统。

2.0.21 无轨电车 trolley bus

通常由架空接触网供电,不依赖固定轨道行驶的道路公共交通系统。

2.0.22 公共交通站点 300 m/500 m 覆盖率 bus stop area coverage of 300/500 meters radius

公共交通站点 300 m/500 m 半径覆盖面积与相应的城市面积之比,通常需扣除城市面积中在技术上不适合公共交通服务的面积,如大型水域、公园、绿地等。

2.0.23 回授线 feeder routes

当在进口处设置公交专用进口道时,为了使右转车辆顺利进入专用右转进口道,需要将公交专用道断开一段距离,作为公交车与社会车辆的交织区,进口道与交织区长度之和也称作回授线。

2.0.24 生产性货运中心 freight center for industry

为原材料、半成品及产成品的运输、集散、储存、配送等而设置的货物流通综合服务设施。

2.0.25 城市客运枢纽 urban passenger transfer hub

在城市客运交通系统中,为不同交通方式或同一交通方式不同方向、功能的线路客流集散和转换所提供的场所,分为城市对外客运枢纽和城市内部客运枢纽。城市对外客运枢纽为城市交通集散航空、铁路、公路、水运等对外客流而设置,可兼有城市内部交通衔接换乘功能;城市内部客运枢纽主要承担城市内部各种方式的客流集散和换乘功能。

2.0.26 枢纽日客流量 daily passenger flow volume

枢纽日客流量是衡量枢纽规模的重要指标,是枢纽内各种交通方式(含非机动化交通方式)全日集结和疏散客流量之和。

2.0.27 枢纽高峰小时客流量 peak hourly passenger volume

枢纽日客流量中最大的小时客流量。

2.0.28 换乘距离 transfer distance

换乘距离指乘客进出两种交通工具间的水平距离(楼梯、扶梯、自动步道的换乘距离为水平投影距离)。

2.0.29 平均换乘距离 weighted average transfer distance

不同交通方式换乘客流的换乘距离加权平均值。

2.0.30 充电桩 charging pile

固定安装在电动汽车外、与电网连接,为电动汽车车载充电机提供电源的供电装置。

3 基本规定

3.1 一般规定

3.1.1 城市道路交通规划必须符合城市总体规划,与城市综合交通规划等规划相衔接,综合考虑社会效益、环境效益与经济效益的协调统一。

3.1.2 城市道路交通规划应优先发展集约、绿色的交通方式,落实公交优先策略,注重慢行交通的发展,引导和支撑城市空间合理布局,促进道路交通与城市空间协调发展,保障城市道路交通的效率与公平,支撑城市经济社会活动正常运行。

3.1.3 城市道路交通规划应符合城市不同发展分区的发展特征和发展阶段,城市新区道路交通规划应充分满足城市发展的需求,利用公共交通引导城市开发;城市更新地区应以优化交通政策、改善公共交通和慢行交通以及优化交通组织为重点。

3.1.4 城市道路交通规划应符合城市的经济社会发展水平,在经济和财务上可持续,并应充分考虑城市远景发展对重大交通基础设施进行规划和用地控制,应处理好近期与远期、新建与改建、局部与整体的关系。

3.1.5 城市道路交通规划应注重针对性、前瞻性和可行性,必须符合城市防灾减灾的相关要求。

3.2 规划内容

3.2.1 城市道路交通规划应以详尽的交通调查为依据,采用宏观与微观、定性与定量相结合的分析手段进行交通需求分析。城市道路交通规划应包括城市道路交通发展战略规划、城市道路交通综合网络规划和城市道路交通专项规划三个组成部分。

3.2.2 城市道路交通规划中的交通调查和需求分析应符合下列规定：

    1 应根据道路交通规划的要求进行相关交通调查，交通调查的内容和精度应根据规划的分析要求确定。

    2 调查应涵盖城市交通所涉及的各种交通方式和各类交通设施。

    3 交通调查应包含不同调查项目之间相互校验的内容，应与其他来源的公开数据进行一致性检查。

    4 交通需求分析的年限应与城市总体规划一致，对城市重大交通基础设施还应进行远景年交通需求分析。

    5 应结合城市综合交通体系规划建立交通需求分析模型，定量分析规划期内城市不同区域在不同发展阶段的交通需求特征。

    6 交通需求分析模型应作为城市交通信息共享与应用平台的重要组成部分，模型所采用的参数应通过调查数据确定，注重后续的维护、校核和更新。

    7 交通调查和需求分析可采用大数据等新方法与工具，应对调查数据的准确性和分析结果的可靠性进行评价。

3.2.3 城市道路交通发展战略规划应包括下列内容：

    1 应确定城市交通发展目标和水平。

    2 应确定城市交通方式和交通结构。

    3 应确定城市道路交通综合网络布局、城市对外交通设施和市内的客货运设施的选址和用地规模。

    4 应确定城市公共交通系统模式及总体布局。

    5 应提出实施城市道路交通规划过程中的重要技术经济对策。

    6 应提出有关交通发展政策和交通需求管理政策的建议。

3.2.4 城市道路交通综合网络规划应包括下列内容：

1 应确定道路网络布局和规模，确定城市道路的性质、功能、分类与分级。

2 应确定城市公共交通系统的规模和布局、各种交通的衔接方式、大型公共换乘枢纽和公共交通场站设施的分布和用地范围。

3 应平衡各种交通方式的运输能力和交通需求。

4 应确定城市货运交通设施的布局和运输网络。

5 应对道路交通综合网络规划方案作技术经济评估。

6 应确定城市道路交通服务设施的选址布局和建设规模。

7 应提出城市道路智能交通系统组成、建设要求和等级分类。

8 应合理提出城市道路交通综合网络工程建设时序。

3.2.5 城市道路交通专项规划应包括下列内容：

1 应确定各级城市道路红线宽度、规模及横断面布置形式，并结合周边用地情况，提出建筑退线要求。

2 应确定各级城市道路主要交叉口的形式和用地范围，以及广场、公共停车场、桥隧位置和用地范围。

3 应确定道路平面位置、竖向规划及交叉口规划方案。

4 应提出道路衔接规划方案，重点考虑主城区城市道路与外围公路衔接，城市轨道交通与城市道路公共交通、慢行交通之间衔接。

5 应提出主城区城市街道规划方案，重点考虑街道空间景观特征和交通功能。

4 公共交通系统

4.1 一般规定

4.1.1 城市公共交通系统规划,应根据城市发展规模、用地布局和道路网规划,在客流预测的基础上,确定公共交通发展模式、线网布局、车辆规模、公交换乘枢纽和场站设施用地等,并使公共交通的客运能力满足高峰客流的需求。

4.1.2 公共交通系统应依托大运量轨道交通和常规公交,强化中心城公共交通在机动车出行中的主导地位,引导个体机动交通出行向公共交通转移,协调好与慢行交通的衔接。公共交通分类宜符合下列规定:

 1 公共交通系统按照运量和功能,分为轨道交通、常规公交、辅助型公交三个大类。

 2 轨道交通按照运量和功能,分为城际线、市区线、局域线。

 3 常规公交按照运量和功能,分为骨干线、次干线、驳运线。

 4 辅助型公交分为出租汽车、校车、班车、网约车等。

4.1.3 不同区域公共交通出行及换乘时耗应符合下列规定:

 1 主城区内部主要客流节点之间宜实现 60 min 公共交通可达。

 2 新城、新市镇内部主要客流节点之间宜实现 30 min～40 min 公共交通可达。

 3 新城内部主要客流节点宜通过一次乘车进入轨道交通网络或主城区内;若使用轨道交通到达主城区,乘坐轨道交通的时间不宜大于 40 min。

4 新市镇与所属行政村之间宜通过一次乘车到达。

4.1.4 不同区域公共交通车辆保有量应符合下列规定：

1 主城区范围内,若有轨道交通经过,公共交通车辆保有量宜不低于 35 标台/万人;若无轨道交通经过,公共交通车辆保有量宜不低于 12 标台/万人。

2 新城及规划人口 10 万及以上的新市镇,若有轨道交通经过,公共交通车辆保有量宜不低于 25 标台/万人;若无轨道交通经过,公共交通车辆保有量宜不低于 8 标台/万人。

3 公共交通的车型选择应与线路服务功能、城市的环保要求相适应。

4.1.5 对于出发地和目的地均位于内环内、城市主中心或主城副中心的公共交通出行,单次换乘步行距离不宜大于 200 m,换乘时间不宜大于 10 min。

4.2 常规公共交通线网

4.2.1 城市公共交通线网应综合规划。骨干线、次干线、驳运线等线路应紧密衔接。各线的客运能力应与客流量相协调。线路的走向应与客流的主流向一致。主要客流的集散点应设置不同交通方式的换乘枢纽,方便换乘,有条件时宜设置停车设施。

4.2.2 不同类别公交线网的功能结构、适用范围等应符合表 4.2.2 的规定。

表 4.2.2 不同类别公交线网功能结构及适用范围

特征	骨干线	次干线	驳运线
主要运行道路	城市快速路、主干路	城市主干路、次干路	次干路、支路
主要服务区域	功能区之间、功能区内客运走廊	功能区之间、功能区内	社区内、连接枢纽
出行距离	中长距离	中短距离	短距离

特征	骨干线	次干线	驳运线
线路形状	绕行少、迂回少	允许适量的绕行和迂回	允许绕行和迂回
主要运营车辆	容量大,舒适性高	视客流情况而定	视客流情况而定
线路调度	路线配车多,发车频率高	部分路线发车频率较高	依实际情况而定
机动车道规模	6 车道及以上	4 车道及以上	2 车道及以上

4.2.3 不同区域公交线路网比率、线路网密度、平均换乘次数等指标应符合表 4.2.3 的规定。

表 4.2.3 不同区域公交线网指标

指标	内环内、城市主中心及主城副中心	主城区(除城市主中心及主城副中心)、新城、新市镇	其他区域
线路网比率(%)	≥80	≥70	≥60
线路网密度(km/km²)	4.0~5.0	2.5~3.5	0.5~2.0
平均换乘次数	≤1.5	≤1.5	≤2.0

4.2.4 不同类别公交线路长度、非直线系数、与其他单条线路重复度等相关指标应符合表 4.2.4 的规定。

表 4.2.4 不同类别公交线路指标

指标	骨干线	次干线	驳运线
线路长度(km)	13~50	7~30	3~7
非直线系数	≤1.3	≤1.5	—
与其他单条线路重复度(%)	≤50	≤70	≤30

4.3 公共交通车站

4.3.1 公共交通车站的规划应从道路条件、客流条件、线路分类等角度出发,处理好与出入口、交叉口的关系。

4.3.2 骨干线公共交通站距宜为 600 m～800 m,次干线公共交通站距宜为 500 m～600 m,驳运线公共交通站距宜为 300 m～500 m。

4.3.3 内环内、城市主中心及主城副中心公共交通站点应 300 m 半径全覆盖;主城区(除内环内、城市主中心及主城副中心)300 m 半径覆盖率不应小于 80%,500 m 半径全覆盖;新城、新市镇 300 m 半径覆盖率不应小于 60%,500 m 半径覆盖率不应小于 95%;其他区域 300 m 半径覆盖率不应小于 50%,500 m 半径覆盖率不应小于 90%;所有行政村公交通达率应达到 100%。

4.3.4 主城区轨道交通站点 600 m 半径覆盖用地面积、居住人口、就业岗位比例宜分别达到 40%、50%、55%,其中中心城宜分别达到 60%、70%、75%;新城宜分别达到 30%、40%、40%。

4.3.5 不同公共交通方式的首末站或折返站的设置应符合下列规定:

1 有轨电车线路起迄点车站应与城市交通枢纽相结合,构筑城市交通一体化,并落实城市规划用地。

2 无轨电车终点站的折返能力,应同线路的通过能力相匹配,2 条及 2 条线路以上无轨电车共用一对架空触线的路段,应使其发车频率与车站通过能力、交叉口架空触线的通过能力相协调。

3 快速公共汽车首末站宜设置在用地满足需求且客源比较集中的城市主要客流集散点附近或城市公共交通走廊衔接处。

4 普通公共汽电车首末站宜设置在城市道路用地之外,与道路用地紧密结合,用地面积应符合现行上海市工程建设规范《公共汽车和电车首末站、枢纽站建设标准》DG/TJ 08—2057 的规定。

4.3.6 公共交通车站的设置与道路、交叉口、客运站、轨道交通、轮渡站等设施的关系应符合下列规定:

1 轨道交通、长途汽车站、火车站、客运码头主要出入口

50 m 范围内宜设常规公交车站。

2 公交停靠站宜设置在交叉口的出口道,交叉口附近设置的公交停靠站间的换乘距离,同向换乘不应大于 50 m,异向换乘不应大于 150 m,交叉换乘不应大于 150 m,困难情况下不得大于 250 m。

3 多条公共汽(电)车线路合并设置的中途站,线路数应根据公交车到站频率、停靠站台长度及其通行能力确定,一个站台的停靠泊位数不宜超过 4 个,线路数不宜超过 8 条,否则应分开设站,且站台总数不宜超过 3 个,站台间距不应小于 25 m。

4.3.7 主城区新建或改扩建城市主干路,公共交通港湾式停靠站设置比例应达到 100%。

4.4 公共交通场站

4.4.1 公交停车场、公交保养场、无轨电车和有轨电车整流站、公共交通车辆调度中心等的场站设施应与公共交通发展规模相匹配,用地有保证。上述场站设施应主体化建设,以节约集约利用为导向,与城市用地规模相协调,鼓励土地立体开发和综合利用。

4.4.2 公共交通场站布局应根据公共交通的车种车辆数、服务半径和所在地区的用地条件设置。停车场宜与保养场相结合,布局宜使高级停保集中,低级停保分散。

4.4.3 公交车辆停保场用地面积指标应符合下列规定:

1 公共交通场站的综合用地面积应根据公共汽电车车辆发展的规模和要求确定,宜按照每标台 150 m² ~ 200 m² 控制,无轨电车还应乘以 1.2 的系数。

2 公交停车场、保养场用地面积宜按照每标台 120 m² ~ 150 m² 控制。

3 当公共交通场站建有加油、加气设施时,其用地应按现行国家标准《汽车加油加气站设计与施工规范》GB 50156 的规定另行核算面积后加入场站总用地面积中。

4 充换电站应结合各类公共交通场站设置。

4.4.4 有轨电车车辆基地规划应坚持资源共享、综合利用的原则，集约使用土地。车辆基地按类型宜分为车辆段、停车场两类，用地规模应按线路远期客流配属车辆计算，并宜适当留有余地。

4.4.5 无轨电车和有轨电车整流站的规模应根据其所服务的车辆型号和车数确定。整流站的服务半径宜为 1.0 km～2.5 km，一座整流站的用地面积不宜大于 500 m²。

4.4.6 公共交通车辆调度中心应集中设置，宜与大型枢纽站或停车场合建，不宜单独设置。

4.4.7 轨道交通、快速公共交通系统沿线及公交换乘枢纽周边宜进行土地综合开发利用，促进城市公交与周边区域协同发展。

4.5 公共交通专用道

4.5.1 公共交通专用道的设置应与道路条件、线路数量、客流规模等相匹配。不同级别专用道应匹配不同建设标准，发挥专用道层次效用，服务不同需求。

4.5.2 公共交通专用道的设置应符合下列规定：

1 路段单向机动车道为 3 车道及以上，且高峰单向断面公交客流量不小于 4 000 人次/h 或公交车单向流量不小于 90 标台/h。

2 路段单向机动车道为 2 车道，且高峰单向断面公交客流量不小于 3 000 人次/h 或公交车单向流量不小于 70 标台/h。

4.5.3 当道路条件未达到第 4.5.2 条要求但确需设置公共交通专用道时，从公交优先和提高道路资源利用率等角度出发，经论证，可适当降低设置的条件。

4.5.4 路段公共交通专用道的布置形式应根据公交车流量、流向、交叉口间距等因素，按表 4.5.4 的要求确定。

表 4.5.4　路段公共交通专用道布置形式及适用条件

布置形式	适用条件
外侧式	前方交叉口右转或直行公交车流量较多、机非隔离； 路侧机动车进出口和出租车停靠站较少； 非机动车较少或机动车专用路
路中式	道路交叉口间距比较长； 前方交叉口左转或直行公交车流量较多且道路中间； 有较宽分隔带，方便设站； BRT专用道设置时，一般采用此形式
次外侧式	直行公交车流量较多； 道路交叉口间距较短或大站快运公交且路段上不设置公交停靠站的情况

4.5.5 公共交通专用道交叉口进口道的布置形式应根据信号相位、社会车流量、流向等因素按表 4.5.5 的要求确定。

表 4.5.5　公共交通专用道交叉口进口道形式及适用条件

布置形式		适用条件
外侧式	无右转车道	—
	设置右转信号灯相位	
	直右车道合并	高峰小时每信号周期右转社会车流量≤4 辆，无右转相位
路中式	无左转车道	—
	设置左转信号灯相位	
	位于左转车道右侧	高峰小时每信号周期左转社会车流量≤3 辆，无左转相位
次外侧式	机动车行驶方向最右侧车道的第二根车道（直右车道分离）	高峰小时每信号周期右转社会车流量>4 辆，无右转相位
	回授线	进口道数目不多，公交车流量小，而社会车辆流量较大，又无条件拓宽车道

4.6 辅助型公共交通

4.6.1 城市出租汽车、网约车发展规模应根据城市性质、交通需求特征、道路交通运行情况综合确定。新建及改扩建交通枢纽、文化娱乐场所、宾馆酒店、商业场所、医院、居住区等场所时,应根据相关规范合理配置出租车、网约车候客位。

4.6.2 城市应鼓励校车和各类班车等辅助型公共交通的发展,应做好其相关设施用地的规划控制,其他辅助型公共交通宜根据城市发展实际需求确定。

5 慢行交通

5.1 一般规定

5.1.1 慢行交通应包含非机动车交通和步行交通。

5.1.2 慢行交通规划应倡导便捷安全的理念,采用人车分离、快慢分离的原则,构建与生态环境相结合的宜人的慢行交通环境。

5.2 非机动车交通

5.2.1 非机动车可分为自行车、三轮车、残疾人车以及符合国家标准的电动自行车。

5.2.2 非机动车道可分为非机动车主通道和非机动车次通道,应符合下列规定:

1 非机动车主通道应组织慢行区对外联系,加强各慢行区之间的联系,为非机动车提供宽度合理、安全可靠的通行空间;应与机动车道采用物理隔离。

2 非机动车次通道应组织慢行区内部的联系,与机动车道采用物理隔离或交通标线隔离。

5.2.3 非机动车主通道布局宜选取交通性街道、综合性街道或与其平行的道路;非机动车次通道宜选取商业街道、生活服务街道。

5.2.4 非机动车主通道的单向设计通行能力宜为 2 500 veh/h～4 000 veh/h,非机动车次通道的单向设计通行能力宜为 700 veh/h～2 500 veh/h。三轮车、残疾人车、电动自行车应采用本标准附录 A.0.3 中的换算系数。

5.2.5 非机动车通道横断面布置应分为 A、B、C 三级；非机动车主通道横断面等级宜采用 A 级，非机动车次通道横断面等级宜采用 B 级、C 级，非机动车通道横断面布置应符合表 5.2.5 的规定。

表 5.2.5 非机动车通道横断面布置

等级	非机动车道宽 W	机非、人非分隔状态
A	$W \geqslant 3.5$ m	机非、人非物理分隔
B	3.5 m$>W \geqslant 2.5$ m	机非物理分隔或交通标线分隔，人非物理分隔
C	2.5 m$>W \geqslant 1.5$ m	机非物理分隔或交通标线分隔，人非物理分隔或交通标线分隔

5.2.6 机动车流量较小的社区道路可采用机非混行车道，集约利用空间和控制车辆速度，宜考虑稳静化措施，机非混行车道的宽度应符合表 5.2.6 的规定。

表 5.2.6 机非混行车道宽度(m)

设置条件	车道宽度
划示中心线的混行车道	3.5～4.0(单向)
不划示中心线的双向混行车道	6.0～7.0(双向)
单向混行车道	4.0～5.0

5.2.7 轨道交通站点、交通枢纽、名胜古迹和公园、广场等周边 100 m 范围内宜设置路外非机动车停车场，非机动车停放面积应根据停放需求设置；每辆非机动车停车位宜按照 1.5 m² ～ 1.8 m² 取用。

5.2.8 人行道宽度小于 3 m 的道路不宜设置非机动车停放区域，宜与建筑退界、设施带协调综合考虑非机动车的停放。

5.2.9 人非共板道路应采用划线、铺装或护栏等形式将人行道与非机动车道分隔开。

5.3 步行交通

5.3.1 人行道、人行天桥、人行地道、商业步行街、城市滨河步道或绿道等规划,应与居住区、广场、交通设施、公共设施的步行系统紧密结合,构成完整的城市步行系统。

5.3.2 步行交通系统应符合无障碍交通的要求。

5.3.3 人行道的宽度应综合考虑道路等级、步行交通需求、开发强度、功能混合程度、界面业态、公交设施、道路附属设施等因素,合理确定数值,最小宽度应符合表 5.3.3 的规定。

表 5.3.3 人行道最小宽度(m)

项目	人行通道最小宽度	
	中心城、新城	新市镇
各级道路	3	2
商业文化中心区、大型商店或大型公共文化机构集中路段	5	3
火车站、码头附近路段	5	—
轨道交通站、长途汽车站附近路段	4	4

5.3.4 不同街道类型过街设施最大间距应符合表 5.3.4 的规定。

表 5.3.4 过街设施最大间距(m)

街道类型	过街设施最大间距
商业街道	250
生活服务街道	300
景观休闲街道	350
交通性街道	400
综合性街道	400

5.3.5 属于下列情况之一时,宜设置天桥或地道:

    1 进入交叉口的总人流量达到18 000人次/h,或交叉口一个进口横过道路的人流量超过5 000人次/h,且同时在平面交叉口一个进口或路段上双向交通量达1 200 pcu/h。

    2 进入环形交叉口总人流量达18 000人次/h,且同时进入环形交叉口的交通量达2 000 pcu/h。

    3 路段双向过街设施间距大于表5.3.4,或过街行人超过5 000人次/h。

    4 封闭式道路有过街人行需求时。

    5 铁路与城市道路相交道路,因列车通过一次阻塞人流超过1 000人次或道口关闭时间超过15 min时。

    6 复杂交叉路口、机动车行车方向复杂、对行人有明显危险及其他特殊需要时。

5.3.6 天桥或地道的规划方案应根据城市道路规划,结合地上地下管线、地下空间开发、周边环境、工程投资以及建成后的维护条件等因素综合确定。

5.3.7 天桥或地道的设置应与公交车辆站点、轨道交通站相结合,还应有相应的交通管理措施。

5.3.8 密集人流地区楼宇之间、楼宇与交通枢纽之间可结合建筑建设天桥或地道。

6 货运交通

6.1 一般规定

6.1.1 城市货运交通应包括城市对外货运枢纽及其集疏运交通、城市内部货运交通、过境货运交通和特殊货运交通。

6.1.2 城市货运交通系统布局应保障城市生产、生活及商业活动的正常运转,并能适应技术发展、产业组织和商业模式改变带来的货运需求变化。

6.1.3 重大件货物、危险品货物以及海关监管等特殊货物应根据货物属性、运输特征和货运需求规划专用货运通道。

6.1.4 城市货运交通量预测应以城市的国民经济、社会发展和城市总体规划为依据。

6.2 城市对外货运枢纽及其集疏运交通

6.2.1 城市对外货运枢纽应包括各种运输方式的货运场站和各种运输方式货运场站延伸的地区性货运中心。

6.2.2 城市对外货运枢纽的集疏运系统规划应符合下列规定:

    1 依托航空、铁路、公路运输的城市货运枢纽,应设置高速公路集疏运通道,或与高速公路相衔接的城市快速路集疏运通道。

    2 依托海港、大型河港的城市货运枢纽应加强水路集疏运通道建设,并与高速公路相衔接;高速公路集疏运通道的数量应根据货物属性和吞吐量确定;年吞吐量超过 1 亿 t 的货运枢纽宜至少与 2 条高速公路集疏运通道衔接；大型集装箱枢纽、以大宗货物为主的货运枢纽应设置铁路集疏运通道。

3 运输线路固定的气体、液化燃料和液化化工制品，运量大于 50 万 t/年时，应采用管道集疏运交通方式，管道不得通过居民住宅区和人流集中区域。

4 城市货运枢纽应靠近高速公路（或其他高等级公路）通道。

6.2.3 地区性货运中心的交通规划应符合下列规定：

1 应开展项目对区域内各类交通设施的供应与需求的影响分析，评价其对周围交通环境的影响，并对交通规划方案进行评价和检验。

2 应按交通影响评价的要求，采取有效措施，提出减小建设项目对周围道路交通影响的改进方案和措施，处理好建设项目内部交通与外部交通的衔接，提出相应的交通管理措施。

3 应规划满足入驻企业活动所需配套道路系统，配套道路应纳入城市道路系统统一规划。

6.3 城市内部货运交通

6.3.1 城市内部货运交通应包括城市内部的生产性货运交通与生活性货运交通。城市内部的生活性货运交通应包括城市应急、救援品储备中心以及城市内部生活性货运交通集散点及城市货运配送网络。货物流通中心用地总面积不宜大于城市规划用地总面积的 2%。

6.3.2 城市内部生产性货物集聚区域宜设置城市内部生产性货运中心，选址与规模应按照生产组织特征、货物属性、货运量确定。选址宜依托工业用地或仓储物流用地设置，生产性货物流通中心应与工业区结合，服务半径宜为 3 km～4 km。其用地规模应根据储运货物的工作量计算确定，或宜按每处 6 万 m²～10 万 m² 估算。

6.3.3 城市内部生活性货物集散点应具备与城市对外货运枢纽便捷连接的设施条件,并宜临近社区商业中心分散布局。生活性货物流通中心的用地规模应根据其服务的人口数量计算确定,每处用地面积不宜大于 5 万 m^2,服务半径宜为 2 km～3 km。

6.3.4 城市内部生产性货运中心、生活性货物集散点不宜设置在住宅用地内。

6.3.5 城市内部货运交通的道路规划设计应满足车辆出入及安全行驶的需要,并符合国家道路规划设计标准,宜满足进出主要车型车辆的作业需要。

6.3.6 城市内部生产性货运中心、生活性货物集散点宜根据需要规划车辆停车场,应方便货物的装卸作业,满足进出的主要车型车辆的停放要求。

6.4　货运道路

6.4.1 货运道路应能满足城市货运交通的要求以及特殊运输、救灾和环境保护的要求,并与货运流向相结合。

6.4.2 当城市道路上高峰小时货运交通量大于 600 辆标准货车或每天货运交通量大于 5 000 辆标准货车时,应设置货运专用车道,标准货车换算系数应符合本标准附录 A.0.4 的规定。

6.4.3 货运专用车道应满足特大货物运输的要求。

6.4.4 大、中城市的重要货源点与集散点之间应有便捷的货运通道。

7 城市道路系统

7.1 一般规定

7.1.1 城市道路系统规划应符合城市的空间组织和交通特征,按照城市总体发展目标,坚持"绿色、协调、生态"的发展理念,满足土地使用对交通运输的需求,发挥城市道路交通对土地开发强度的促进和制约作用。

7.1.2 城市道路系统规划应满足客货车流和人流的安全与畅通,符合人与车交通分行、机动车与非机动交通分道的要求。

7.1.3 道路网络布局和道路空间分配应体现"公交优先""以人为本"的理念,并与城市交通发展目标相一致。

7.1.4 城市道路系统规划应满足城市道路交通与综合交通枢纽的顺畅衔接,并加强城市道路与轨道交通的衔接。

7.1.5 城市道路系统规划应体现城市的历史和文化传统,保护和延续历史城区的道路格局,反映城市风貌;为地上、地下工程管线和其他市政公用设施提供空间;满足城市救灾避难和日照通风的要求。

7.1.6 城市道路分级应分为快速路、主干路、次干路和支路四级。不同城市区域应根据规模、空间形态和城市活动特征等因素确定城市道路类别的构成。

7.2 道路网规划布局

7.2.1 城市道路网布局应符合城市空间布局、地形以及气候特征,并能适应城市空间发展的需要。

7.2.2 城市道路网规划应在继承既有道路系统布局特征的基础上,综合考虑城市空间布局的发展与控制要求、开发密度分区、用地性质、客货交通流量流向、对外交通,结合地形、地物、河流走向和气候环境等因地制宜地确定。

7.2.3 城市道路网的形式和布局应根据土地使用、客货交通源和集散点的分布、交通流量流向,并结合地形地物、河流走向、铁路布局和原有道路系统因地制宜地确定。

7.2.4 城市道路中各类道路的规划指标应符合表 7.2.4 的规定。土地开发的容积率应与交通网的运输能力和道路网的通行能力相协调。规划城市道路用地面积宜占城市规划建设用地面积的 15%～24%,且人均道路面积不应小于 12 m^2。

表 7.2.4　城市道路网规划指标

项目	城市类别	快速路	主干路	次干路	支路
机动车设计速度 (km/h)	主城区	80	40～60	40～50	30
	新城	60～80	40～60	40～50	30
	新市镇及外围区域		40～60	40	30
道路网密度 (km/km²)	主城区	0.5～0.6	1.0～1.4	1.4～1.7	4.0～5.0
	新城	0.4～0.5	1.0～1.4	1.4～1.7	4.0～5.0
	新市镇及外围区域		1.2～1.4	1.4～1.7	4.0～5.0
道路中机动车 车道条数(条)	主城区	4～8	4～8	4～6	2～4
	新城	4～6	4～6	4～6	2
	新市镇及外围区域	—	4	2～4	2
道路宽度 (m)	主城区	50～60	45～55	35～45	15～30
	新城	40～50	35～45	30～40	15～20
	新市镇及外围区域	—	35～45	30～40	15～20

7.2.5 快速路、主干路、次干路、支路道路系统应相互连通,方便出行者多样化的路径选择;不同城市功能地区的集散道路与地方

性道路(包括承担城市交通功能的非公有支路)布局应符合不同城市功能地区的地方性活动特征,其密度应结合用地功能和开发强度综合确定,以满足开放便捷、各具特色的街区建设要求。

7.2.6 城市主城区应布局外环路,应以快速路或高速公路为主,为城市过境交通提供绕行服务;功能集中、相对独立、远离主城区的新城外围宜根据用地形态布局环路,分流通过性交通,环路建设标准不应低于环路内高等级道路的标准,并应与主城区放射线快速道路衔接良好,形成网络体系。

7.2.7 主城区主要对外方向不应少于 2 条城市快速路或主干路衔接,新城主要对外方向不宜少于 2 条城市主干路或快速路衔接;分片区、组团开发的城区,各相邻片区、组团之间不宜少于 2 条城市主干路或次干路相联通。

7.2.8 河网密布区域,城市道路网规划应符合下列规定:

    1 道路宜平行或垂直于河道布置,跨越通航河道的桥梁应满足桥下通航净空要求并应与滨河路的交叉口相协调。

    2 城市桥梁的车行道和人行道宽度应不小于两端道路的车行道和人行道宽度。

7.2.9 城市交叉口应依据相交道路交通量与构成特征,满足公共交通、行人和非机动车通行安全、方便的要求,科学确定交叉口形式。在没有交通需求预测的情况下,交叉口的形式应符合现行国家标准《城市道路交叉口规划规范》GB 50647 的相关规定。

7.3 城市道路

7.3.1 道路建筑限界几何形状应为道路上净高和净宽边界线组成的空间界线。顶角宽度不应大于机动车道或非机动车道的侧向净宽。

7.3.2 道路建筑限界内不得有任何物体侵入。

7.3.3 道路最小净高应符合表 7.3.3 的规定。

表 7.3.3 道路最小净高(m)

道路种类	行驶车辆类型	最小净高
机动车道	各种机动车	4.5
	小客车	3.5(3.2＊)
非机动车道	自行车、三轮车	2.5
人行道	行人	2.5

注:带＊号为地下道路条件受限时最小值。

7.3.4 主城区外围的快速路、主干路的机动车道最小净高宜根据道路网交通管理措施采用 5.0 m。当城市道路与公路或相邻道路之间的净高不一致时,应做到净高的衔接过渡,并应设置必要的指示、诱导标志及建筑限界防撞等设施。

7.3.5 主城区主要货运通道最小净高应为 5.0 m,超高、超宽、超长车辆行驶路线的最小净高应为 5.5 m。

7.3.6 快速路规划应符合下列规定:

1 主城区内部应设置快速路,主城区和新城之间宜设置快速路,新城之间及内部可设置快速路;快速路沿线宜设置辅路,辅路等级不应低于次干路,快速路与辅路间应采用匝道连接。

2 快速路车道数宜采用双向 4 车道、6 车道、8 车道,车道宽度按设计速度及车型宜采用 3.50 m 或 3.75 m。

3 与快速路交汇的道路数量应严格控制,相交道路应采用立体交叉形式。

4 采用地面形式的快速路沿线每隔一定距离应设置人行天桥或地下通道。

7.3.7 主干路规划应符合下列规定:

1 主干路应在城市道路网中起骨架作用,主城区、新城内部及之间,应设置主干路;新市镇内部及之间宜设置主干路。

2 主干路两侧不宜修建过多的车辆出入口,不宜设置吸引大量车流、人流的公共建筑物出入口;沿线宜设置公共交通站点。

3 主干路车道数宜采用双向 4 车道、6 车道、8 车道,主干路上的机动车与非机动车应分道行驶,主干路应设置中央分隔带,条件受限时,可设置中央隔离护栏;当交通流存在明显潮汐现象时,可在部分路段或交叉口设置可变车道。

4 主干路与其他道路相交,相交道路等级为主干路或交通量较大的次干路时,应对交叉口进行渠化展宽,其他情形宜对交叉口进行渠化展宽。

7.3.8 次干路规划应符合下列规定:

1 次干路应配合主干路组成城市干路网,联系区域内各组团和集散交通。

2 次干路兼有服务功能,可在两侧布置少量公共建筑出入口,可设置机动车和非机动车的停车场、公共交通站点和出租车服务站。

3 次干路车道数宜采用双向 2 车道、4 车道,可采用双向 6 车道。

7.3.9 支路规划应符合下列规定:

1 支路应以服务功能为主,与次干路和居住区、工业区、市中心区、市政公用设施用地、交通设施用地等内部道路相连接。

2 支路应满足机动车与非机动车同时行驶的要求;支路车道数宜采用双向 2 车道、4 车道;当道路较窄、路网较密时,可采用单向行驶的交通管理,且单行道宜成对布置。

7.3.10 道路竖向规划应符合下列规定:

1 应与道路平面规划相协调,符合步行、非机动车通行、机动车通行及无障碍设施布置的规定。

2 应结合用地中的控制高程、沿线地形地物、架空线净空要求、地下管线、地质和水文条件等综合考虑。

3 应与道路两侧建设用地的竖向规划相结合,有利于道路两侧建设用地的排水及出入口交通联系。

4 道路跨越江河、湖泊时,道路竖向规划应满足通航、防洪净高要求;若桥头有横向相交道路时,应满足交叉口通行要求;道路与道路、铁路轨道及其他设施立体交叉时,应满足相关净高要求。

5 机动车道和非机动车道纵断面布置应满足现行上海市工程建设规范《城市道路设计规程》DGJ 08—2106 的相关规定。

7.3.11 城市道路规划应与城市防灾规划相结合,应保证震后城市道路和对外公路的交通畅通,并应符合下列规定:

1 承担城市防灾救援通道的次干路及以上等级道路两侧的高层建筑应根据救援要求确定道路的建筑退线。

2 快速路车行道下不得布设纵向地下管线设施,横穿快速路的地下管线设施应将检查井设置在车行道路面以外。

3 道路沿线宜设置小广场和空地,并应结合道路两侧的绿地规划疏散避难用地。

7.3.12 道路绿地布局应符合下列规定:

1 应在保证交通功能的前提下布置道路绿化;道路绿化应符合行车视线和行车净空要求,不得进入交叉口视距三角形,不得干扰标志标线、遮挡信号灯及道路照明等,不得影响驾驶员的行车安全。

2 主、次干路中间分车绿带和交通岛绿地不得布置成开放式绿地。

3 路侧绿带宜与相邻的道路红线外侧其他绿地相结合设置。

7.3.13 道路绿化景观规划应符合下列规定:

1 同一条道路的绿化宜有统一的景观风格,不同路段的绿化形式可有所变化。

2 快速路绿化应选择使用寿命长、易于养护管理的绿化种类,并应保持整体协调的线形,减少细部和枝节,避免分散驾驶员的注意力。

3 主干路绿化应体现城市道路绿化景观风貌。

7.4 城市道路交叉口

7.4.1 城市道路交叉应分为平面交叉和立体交叉两类。应根据相交道路的等级、分向流量、公共交通站点的设置、交叉口周围用地的性质确定交叉口的形式及其用地范围。城市道路交叉口的选型应符合表 7.4.1 的规定。

表 7.4.1 城市道路交叉口选型

相交道路	快速路	主干路	次干路	支路
快速路	立体交叉	—	—	—
主干路	立体交叉	立体交叉/平面交叉	—	—
次干路	立体交叉	立体交叉/平面交叉	平面交叉	—
支路	立体交叉	平面交叉	平面交叉	平面交叉

7.4.2 平面交叉口应按交通组织及管理方式分类,分为信号控制交叉口、无信号控制交叉口和环形交叉口,应符合下列规定:

1 A 类:信号控制交叉口

平 A1 类:交通信号控制,进、出口道展宽交叉口;

平 A2 类:交通信号控制,进、出口道不展宽交叉口。

2 B 类:无信号控制交叉口

平 B1 类:干路中心隔离封闭、支路只准右转通行的交叉口;

平 B2 类:减速让行或停车让行标志管制交叉口;

平 B3 类:全无管制交叉口。

3 C 类:环形交叉口

平 C 类:环形交叉口。

7.4.3 平面交叉口的选型应符合表 7.4.3 的规定。

表 7.4.3　平面交叉口选型

相交道路	主干路	次干路	支路
主干路	平 A1	—	—
次干路	平 A1	平 A1	—
支路	平 A1、平 B1	平 A1、平 B1、平 B2	平 A2、平 B2、平 B3、平 C

注:主干路与主干路相交,经交通预测分析,需要设置立体交叉时,宜按表 7.4.1 选用。

7.4.4 平面交叉口红线规划应满足安全停车视距三角形限界的要求,安全停车视距不得小于表 7.4.4 的规定。

表 7.4.4　交叉口视距三角形要求的安全停车视距

交叉口直行车设计速度(km/h)	60	50	45	40	35	30	25	20	15	10
安全停车视距(m)	75	60	50	40	35	30	25	20	15	10

7.4.5 平面交叉口进口道红线展宽、车道宽度、展宽段及渐变段的长度应符合下列规定:

　　1 新建、改建交叉口进口道规划红线展宽宽度应根据道路等级、车道数及交通量来确定。

　　2 进、出口道部位机动车道总宽度大于 16 m 时,规划人行过街横道应设置行人过街安全岛,进口道规划红线展宽宽度必须在进口道展宽的基础上再增加 2 m。

　　3 新建交叉口进口道每条机动车道的宽度不应小于 3.0 m;改建与治理交叉口,当建设用地受到限制时,每条机动车进口车道的最小宽度不应小于 2.8 m,公交及大型车辆进口道最小宽度不宜小于 3.0 m;交叉口范围内可不设路缘带。

　　4 新建平面交叉口进口道展宽段及展宽渐变段的长度应符合表 7.4.5 的规定。

表 7.4.5　平面交叉口进口道展宽段及展宽渐变段的长度

交叉口	展宽段长度(m)			展宽渐变段长度(m)		
	主干路	次干路	支路	主干路	次干路	支路
主-主	80～120	—	—	30～50	—	—
主-次	70～100	50～70	—	20～40	20～40	—
主-支	50～70	—	30～40	15～30	—	15～30
次-次	—	50～70	—	—	15～30	—
次-支	—	40～60	30～40	—	15～30	15～30
支-支	—	—	20～40	—	—	15～30

注:进口道规划设置公交港湾停靠站时,交叉口进口道展宽段还应加上公交港湾停靠站所需的长度。

7.4.6 出口道展宽段长度视道路等级而定,主干路不应小于 60 m,次干路不应小于 45 m,支路不应小于 30 m;有公交港湾停靠站时,还应增加设置停靠站所需的长度。展宽渐变段长度不应小于 20 m。

7.4.7 新建道路交通网规划中,干路交叉口不应出现超过 4 条进口道的多路交叉口、错位交叉口、畸形交叉口。相交道路的交角不宜小于 70°,地形条件特殊困难时,不应小于 45°。当有多路相交时,宜先将 2 条道路汇合后,再形成正常交叉口。

7.4.8 地块及建筑物机动车出入口不得设在交叉口范围内。主干路上出入口距上游交叉口不得小于 50 m,距下游交叉口不得小于 80 m。次干路上出入口距上游交叉口不应小于 30 m,距下游交叉口不应小于 50 m。支路上出入口距与主干路相交的交叉口不应小于 50 m,距与次干路相交的交叉口不应小于 30 m,距与支路相交的交叉口不应小于 20 m。

7.4.9 环形交叉口不宜用于交通量超过 2 700 pcu/h 的相交干路,可在交通量不大的生活性支路上选用。环形交叉口上的任一交织段上,交通量超过 1 500 pcu/h 时,应改建交叉口,或增加交通信号控制。

7.4.10 常规环形交叉口中心岛的形状宜用圆形、椭圆形、圆角菱形。中心岛曲线半径宜为 15 m ～20 m。环岛车道数不宜少于 3 条,小环岛交叉口可为 1 条～2 条。

7.4.11 道路平面交叉口的规划用地指标宜符合表 7.4.11 的规定。

表 7.4.11　平面交叉口规划用地指标

相交道路等级	T字形交叉口（万 m²）	十字形交叉口（万 m²）	环形交叉口		
			中心岛直径（m）	环道宽度（m）	用地面积（万 m²）
主干路与主干路	0.60	0.80	—	—	—
主干路与次干路	0.50	0.65	—	—	—
次干路与次干路	0.40	0.55	30～50	16～20	0.8～1.2
次干路与支路	0.33	0.45	30～40	14～18	0.6～0.9
支路与支路	0.20	0.27	25～35	12～15	0.5～0.7

7.4.12 进入主干路与主干路交叉口的交通量超过 6 000 pcu/h,相交道路为 4 条车道以上,且对平面交叉口采取改善措施、调整交通组织均难收效时,宜设置立体交叉,并妥善解决设置立体交叉后对邻近平面交叉口的影响。

7.4.13 立体交叉口应根据相交道路等级、交通流行驶特征、非机动车对机动车的干扰等分类,分为枢纽立交、一般立交和分离式立交,应符合下列规定:

　1　A 类:枢纽立交

　立 A1 类:主要形式为全定向、喇叭形、组合式全互通立交;

　立 A2 类:主要形式为喇叭形、苜蓿叶形、半定向、组合式全互通立交。

　2　B 类:一般立交

　立 B 类:主要形式为喇叭形、苜蓿叶形、环形、菱形、迂回式、组合式全互通或半互通立交。

　3　C 类:分离式立交

　立 C 类:分离式立交。

7.4.14 立体交叉口选型应综合考虑交叉口在道路网中的地位、作用、相交道路的等级,结合交通需求和控制条件等因素,应符合表 7.4.14 的规定,同时应符合下列规定:

1 立体交叉口的形式应充分考虑地形地质条件、用地范围、周围建筑及设施分布现状等,合理利用地形,占地面积少,做到工程技术、经济、环境三者协调统一。

2 应处理好主要交通流向与次要交通流向的关系,交通主流方向线形应简捷,少爬坡和少绕行。

表 7.4.14 立体交叉口选型

立体交叉口类型	选型	
	推荐形式	可选形式
快速路-高速公路	立 A1 类	—
快速路-快速路	立 A1 类	—
快速路-主干路	立 B 类	立 A2 类、立 C 类
快速路-次干路	立 C 类	立 B 类
快速路-支路	—	立 C 类
主干路-高速公路	立 B 类	立 A2 类、立 C 类
主干路-主干路	—	立 B 类
主干路-次干路	—	立 B 类

7.4.15 立交范围内快速路主路基本车道数应与路段基本车道数连续一致,匝道车道数应根据匝道交通量确定,进出口前后应保持车道数平衡(图 7.4.15),应按式(7.4.15)计算。

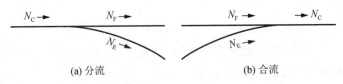

(a) 分流   (b) 合流

图 7.4.15 分、合流处的车道数平衡

$$N_C \geqslant N_F + N_E - 1 \qquad (7.4.15)$$

式中：N_C ——分流前或合流后的主线车道数；

N_F ——分流后或合流前的主线车道数；

N_E ——匝道车道数。

7.4.16 路段设有慢行系统时，立交范围内慢行系统应连续，宜采用机非分行形式，人行道应设置无障碍设施。

7.4.17 城市道路与铁路及轨道交通相交时，应设置立体交叉。

7.5 道路衔接规划

7.5.1 主城区与新城对外主要公路应与城市干路及快速路顺畅衔接，新市镇对外主要公路宜与次干路及以上等级道路衔接；城市道路与公路衔接时，若有一方为封闭路权道路，应采用立体交叉；支路不宜直接与干线公路衔接。

7.5.2 设有轨道站点区域应充分考虑轨道交通和地面公共交通、慢行交通之间的换乘要求；与轨道换乘枢纽之间衔接的次干路及支路应充分考虑地面公交和慢行交通需求，合理布设道路横断面、行人过街设施、公交站点设置、非机动车停放场地设施等。

7.5.3 在轨道站点周边设置 P+R 时，采取沿轨道站台两侧布置 P+R 的模式；环形放射式道路网宜考虑在城市主要出入口呈分散环状布置 P+R；棋盘式道路网宜沿城市伸展轴或者是在原有的公交干线上布置 P+R。

7.6 城市街道规划

7.6.1 街道是指在城市范围内，全路或大部分地段两侧建有各式建筑物，设有人行道和各种公用设施的道路。街道除了交通功能外，强调空间界面围合，功能更加多样，满足慢行需求。

7.6.2 综合考虑沿街活动、街道空间景观特征和交通功能等因素,可将街道分为商业街道、生活服务街道、景观休闲街道、交通型街道和综合型街道五大类型。

7.6.3 对人行道进行分区设计,划分为设施带、步行通行区和建筑前区。其中步行通行区是供行人通行的有效通行空间,针对不同情况给出其宽度推荐值,如人流量较大的主要商业街及轨交站点出入口周边,建议保证 5 m 以上的步行通行区宽度,并考虑非机动车停放区、公共自行车租赁点服务停放。

表 7.6.3　步行通行区宽度推荐值

人行道类型	步行通行区宽度建议(m)
临围墙的人行道	≥2
临非积极街墙界面人行道	3
临积极界面或主要公交走廊沿线人行道	4
主要商业街,以及轨交站点出入口周边	5
主要商业街结合轨交出入口位置	6

7.6.4 街道规划中应将行人安全置于优先级首位,在商业街道、生活服务街道、景观休闲街道采用较小的路缘石转弯半径,以缩短行人过街距离,引导机动车右转减速。缘石转弯半径以 8 m～10 m 为主,极限不小于 5 m。从土地集约开发利用的角度,推荐使用较小的道路红线模数及交叉口转角圆曲线半径,推荐交叉口转角圆曲线半径采用 15 m～20 m。

8 客运枢纽

8.1 一般规定

8.1.1 城市客运枢纽的选址应符合城市空间布局与用地规划,并与城市客运走廊、城市发展方向、主要城市中心及各类服务设施用地等紧密结合。

8.1.2 城市客运枢纽倡导立体综合开发,充分利用地下空间,集约枢纽用地。

8.1.3 城市客运枢纽的不同功能、交通方式、相互间的客流换乘服务设施应通过共享或合并设置,合理利用空间,实现一体化布局。

8.2 客运枢纽类别

8.2.1 城市客运枢纽按其承担的交通功能、客流特征和组织形式,应分为综合客运枢纽和公共交通枢纽两类。

8.2.2 根据城市土地利用、空间布局及客运体系,客运枢纽应符合下列规定:

    1 A 类枢纽:综合客运枢纽

    A1 枢纽:国际(国家)级综合客运枢纽,国际枢纽机场,国家干线铁路枢纽站点;

    A2 枢纽:区域级综合客运枢纽,国家干线铁路主要站点;

    A3 枢纽:城市级综合客运枢纽,城际交通与市内交通衔接转换节点。

2 B类枢纽:公共交通枢纽

B1枢纽:三线及以上轨道换乘站为主体的大型枢纽;

B2枢纽:以一线或二线轨道换乘站为主体的中型枢纽;

B3枢纽:以轨道交通和机动车换乘为主体的P+R停车换乘枢纽;

B4枢纽:以地面公共汽(电)车、中运量公交换乘站点为主体的小型枢纽。

8.3 客运枢纽交通衔接

8.3.1 城市客运枢纽应强调合理的功能和方式整合,不同类型的枢纽交通衔接方式应符合表8.3.1-1及表8.3.1-2的规定。

表8.3.1-1 A类枢纽交通衔接方式要求

主导类型	枢纽类别	对外衔接方式				对内衔接方式			
		航空	铁路	公路长途	水运	轨道	出租车	公交	非机动车
航空	A1	●	◎	●	○	●	●	●	◎
铁路	A1	◎	●	●	○	●	●	●	◎
	A2	—	●	●	○	●	●	●	◎
	A3	—	●	◎	○	●	●	●	◎
公路	A2	—	●	●	○	◎	●	●	◎
	A3	—	—	●	○	●	●	●	◎
水运	A1、A2、A3	—	—	—	●	◎	●	●	◎

注:●表示应;◎表示宜;○表示可;—表示无要求。

表8.3.1-2 B类枢纽交通衔接方式要求

枢纽类别	轨道	公交	出租车	P+R停车	非机动车
B1	●	●	◎	○	●
B2	●	●	○	○	●

续表 8.3.1-2

枢纽类别	轨道	公交	出租车	P+R 停车	非机动车
B3	●	●	○	●	●
B4	○	●	○	—	●

注：●表示应；◎表示宜；○表示可；—表示无要求。

8.3.2 客运枢纽应配置相适应的衔接设施，交通设施基本配置应符合表 8.3.2-1 和表 8.3.2-2 的规定。

表 8.3.2-1　A 类枢纽交通设施基本配置要求

枢纽级别	外部交通设施			内部交通设施				
	轨道交通	高速路、一级公路或快速路	多条主干路	公交枢纽站/中途站	上落客区	出租车蓄车区	社会车停车场	非机动车停车场
A1	●	●	●	●	●	●	●	◎
A2	●	●	●	●	●	●	●	◎
A3	●	◎	●	●	●	○	●	◎

注：●表示应；◎表示宜；○表示可；—表示无要求。

表 8.3.2-2　B 类枢纽交通设施基本配置要求

枢纽级别	主干路或次干路	公交首末站	公交中途站	上落客区	出租车蓄车区	P+R停车场	非机动车停车场
B1	●	●	●	◎	◎	○	●
B2	◎	◎	●	○	○	○	●
B3	◎	◎	●	○	●	●	●
B4	◎	—	●	—	—	—	●

注：●表示应；◎表示宜；○表示可；—表示无要求。

8.3.3 客运枢纽的规划建设过程中，宜考虑共享单车的停放空间。

8.4　客运枢纽用地规模

8.4.1 应合理确定客运枢纽用地规模，促进用地集约化、站城一体融合发展,提升综合配套保障能力。

8.4.2 A 类枢纽中对外交通集散规模超过 5 000 人次/d 时,应规划对外客流集散与转换用地,用地面积(不包括对外交通场站)宜符合下列规定:

1 公共汽(电)车衔接设施面积应遵循本市公共汽车和电车首末站、枢纽站建设标准的相关规定。

2 出租车服务点面积宜按 26 m² ～32 m²/辆计算。

3 停车场宜按 25 m² ～40 m²/标准停车位计算。

4 非机动车停车场宜按 1.5 m² ～1.8 m²/辆计算。

5 当承担城市内部交通转换功能时,应在枢纽用地基础上增加城市内部交通转换用地。

6 承担城乡客运组织、旅游交通组织职能和包含航空运输方式的城市综合客运枢纽集散与转换用地可适当增加。

8.4.3 B 类枢纽高峰小时客流转换规模(不包括城市轨道交通车站内部换乘量)达到 2 000 人次/h 时,应根据枢纽的区位、用地条件、城市公共交通网络、枢纽转换客流量等规划城市公共交通枢纽用地。城市中心区宜按照 0.5 m² ～1.0 m²/人次控制,城区内除中心区外其他地区宜按照 1.0 m² ～1.5 m²/人次控制。

8.5 客运枢纽交通组织

8.5.1 应根据客运枢纽功能定位及客流规模,合理确定枢纽对外路网衔接交通组织。在实现枢纽交通集散功能基础上,应处理好枢纽集散路网与城市路网的关系,避免过境交通、地方交通与枢纽集散交通低效混合。

8.5.2 客运枢纽集散交通组织应满足快速、顺畅、可靠的要求,应符合下列规定:

1 A 类枢纽交通集散应同主干路及以上等级道路衔接,出入口不宜少于 2 处,实现快进快出、多点集散。

2 B类枢纽宜同次干路及以上等级道路衔接,保证主要流向顺畅,避免低效绕行。

8.5.3 客运枢纽交通流线组织应实现人车分离,各类交通方式宜相互独立、避免干扰。各类车辆到达与出发、上客与下客等交通流线宜分离设计,大车与小车交通流线宜相互独立,实现到发分离、大小车分离。

8.5.4 乘客的最远换乘距离应符合下列规定:

1 公交线路间的换乘距离不宜大于 120 m。

2 公交与地铁间的换乘距离不宜大于 200 m。

3 其他交通方式间的换乘距离不宜大于 300 m。

4 超过以上换乘距离时,宜采用自动步道设施或立体换乘形式。

8.6 城市广场

8.6.1 城市广场可分为公共广场和交通集散广场。

8.6.2 城市广场的位置分布、用地规模和功能定位应符合城市规划布局和道路交通的需要。

8.6.3 交通集散广场的规模由聚集人流量决定,交通集散广场人流密度宜为 1.0 人/m²~1.4 人/m²。

8.6.4 公共广场的面积宜按 0.8 人/m²~1.0 人/m² 计算;单个公共广场用地规模不宜超过 2 hm²。

8.6.5 城市广场应按人流、车流分离的原则,布置分隔、导流等设施,并应配置完善的交通标识指示行车方向、停车场地、步行活动区等公共区域。

8.6.6 城市广场与道路衔接的出入口处应满足停车视距要求。

8.6.7 城市广场应设置无障碍设施,并应符合相关无障碍设施标准规定。

9 停车场与服务设施

9.1 一般规定

9.1.1 停车场按照服务对象可分为公共停车场与专用停车场;按照用地属性可分为建筑物配建停车场与公共停车场。机动车停车位可分为基本停车位和出行停车位。

9.1.2 机动车停车位供给应以建筑物配建停车场为主,公共停车场为辅,路边停车位为补充。

9.1.3 服务设施主要包括加油(加气)站、充电桩、充电站、换电站。

9.2 停车场

9.2.1 机动车停车位供给在主城区、新城、新市镇等不同区域,应根据综合交通体系协调要求确定机动车停车位的供给,采取差别化的停车供给策略。各分区应符合下列规定:

    1 主城区实行"适度满足基本停车,从严控制出行停车"的供给策略,适度保障住宅小区、医院等基本停车供给,严格调控办公、商务等出行停车供给。

    2 规划人口规模大于等于 50 万人的新城及新市镇,机动车停车位供给总量应控制在机动车保有量的 1.1 倍～1.3 倍之间。

    3 规划人口规模小于 50 万人的新城及新市镇,机动车停车位供给总量应控制在机动车保有量的数 1.1 倍～1.5 倍之间。

9.2.2 机动车停车位供给结构应符合下列规定：

1 建筑物配建停车位应占机动车停车位供给总量的85%以上。

2 公共停车场提供的停车位可占机动车停车位供给总量的10%～15%。

9.2.3 公共停车场规划用地总规模可按规划城市人口核算，人均公共停车场占地规模宜控制在 $0.5 m^2$～$1.0 m^2$。

9.2.4 除新建建筑工程外，可结合住宅小区综合治理以及医院、学校和商办等建筑内部挖潜改建增设配建停车位。

9.2.5 宜针对医院、公共服务机构和商业街区等临时停车需求规划建设公共停车场，并适度保证住宅小区、医院等基本车位供给，严格调控办公、商务等出行车位供给。

9.2.6 停车供需矛盾突出地区的新建、扩建、改建的建筑物应在满足建筑物配建停车位指标要求下，鼓励利用闲置土地、空间以及其他社会停车设施，增加独立占地或由附属建筑物的不独立占地的面向公众服务的公共停车场。

9.2.7 公共停车场宜布置在客流集中的商业区、办公区、医院、体育场馆、旅游风景区及停车供需矛盾突出的居住区，其服务半径不应大于 $300 m$。同时，应考虑车辆噪声、尾气排放等对周边环境的影响。

9.2.8 在城市中心区以外，应结合轨道交通车站、公交枢纽站和公交首末站布设P＋R泊位，机动车换乘停车场停车位供给规模应综合考虑接驳站点客流特征和周边交通条件确定，其中与轨道交通结合的机动车换乘停车场停车位的供给总量不宜小于轨道交通线网全日客流量的1‰，且不宜大于3‰。

9.2.9 路边停车位的设置应符合下列规定：

1 不得影响道路交通安全以及车辆的正常通行。

2 不得在救灾疏散、应急保障等道路上设置。

3 严禁在人行道上设置。

4 应根据道路运行情况及时、动态调整。

9.2.10 独立建设的公共停车场出入口采取分离设置时,若出入口位于单向行驶道路一侧,应沿道路行车方向先设置进口、后设置出口;若出入口位于双向行驶道路一侧,应以避免进、出车流交叉,右转进出停车场为基本原则;停车场出入口之间净距不应小于5 m。

9.2.11 公共停车场的出入口设置,应符合下列规定:

1 当停车位小于25辆时,宜设置双车道;受条件限制时,也可设置1个单车道的出入口,但必须完善交通信号和安全设施,出入口外应设置不少于2个等候客车位。

2 停车位大于或等于25辆且小于100辆时,应设置不少于1个双车道的出入口或2个单车道的出入口。

3 停车位大于或等于100辆且小于200辆时,应设置不少于1个双车道的出入口。

4 停车位大于或等于200辆且小于700辆时,应设置不少于2个双车道的出入口。

5 停车位大于或等于700辆时,应设置不少于3个双车道的出入口,并应进行交通服务水平评价。

6 区域或相邻地块地下车库连通,或设置有地下公共通道时,应进行交通服务水平评价,并应合理确定地下车库出入口数量。

9.2.12 公共停车场应设置无障碍专用车位和无障碍设施,并应符合国家标准《无障碍设计规范》GB 50763—2012的相关规定。

9.3 公共加油(加气)站

9.3.1 公共加油(加气)站的服务半径宜为1 km~2 km。

9.3.2 公共加油(加气)站的选址应结合城市公共交通场站设置,并应符合现行国家标准《汽车加油加气站设计与施工规范》

GB 50156 的相关规定。

9.3.3 公共加油站、加气站宜合建,公共加油(加气)站用地面积应符合表 9.3.3 的规定。

表 9.3.3 公共加油(加气)站用地面积指标

昼夜加油(加气)的车次数	加油(加气)站等级	用地面积(m²)
2 000 以上	一级	3 000~3 500
1 500~2 000	二级	2 500~3 000
300~1 500	三级	800~2 500

注:对外交通主要通道附近的加油(加气)站用地面积宜取上限。

9.3.4 公共加油(加气)站宜沿城市主、次干路设置,其出入口距道路交叉口不宜小于 100 m。

9.4 充换电站

9.4.1 每 2 000 辆电动汽车应至少配套建设 1 座充换电站,充换电站的服务半径不宜大于 3 km。

9.4.2 充换电站的选址,应符合下列规定:

1 不应设在有剧烈振动或高温的场所。

2 不宜设在多尘或有腐蚀气体的场所;当无法远离时,不应设在污染源盛行风向的下风侧。

3 不应设在厕所、浴室或其他经常积水场所的正下方,且不宜与上述场所相贴邻。

4 应与有爆炸或火灾危险环境的建筑物保持不小于 10 m 的间距。

5 不应设在地势低洼和可能积水的场所。

9.4.3 可结合加油站设置充换电站,充换电站的结合建设应满足现行国家标准《汽车加油加气站设计与施工规范》GB 50156、《爆炸危险环境电力装置设计规范》GB 50058 等的相关规定。

9.4.4 充换电站可分为大型充换电站、中型充换电站、小型充换电站。大型充换电站实际使用面积不应小于 2 000 m²,中型充换电站实际使用面积不应小于 1 000 m²,小型充换电站实际使用面积不应小于 200 m²,中、小型充换电站宜与公共停车场、公共绿地及公共设施建筑结合建设。

9.4.5 新建住宅配建停车位应建设充电桩或预留建设安装条件,比例应不低于 10%;大型公共建筑物配建停车场、公共停车场、P+R 停车场建设充电桩或预留建设安装条件的车位比例应不低于 15%。

9.5 其他服务设施

9.5.1 越江桥隧管理设施占地面积宜为 3 500 m²～4 500 m²,建筑面积宜为 2 500 m²～3 500 m²。

9.5.2 普通国省干线公路养护道班占地面积宜为 2 000 m²～6 000 m²,建筑面积宜为 360 m²～800 m²。

9.5.3 普通国省干线公路服务设施用地规模应符合表 9.5.3 的规定。

表 9.5.3 普通国省干线公路服务设施规模表(亩/处)

小型服务区	停车区	服务点
10～13	5～10	3～5

10 智能交通服务与管理系统

10.1 一般规定

10.1.1 智能交通服务与管理系统规划应符合城市发展总体规划,坚持"绿色、环保、生态"的发展理念。

10.1.2 智能交通服务与管理系统规划应满足城市不同交通管理部门的管理需求。

10.1.3 智能交通服务与管理系统规划应符合城市智能交通服务与管理系统的管理体制和管理机制。

10.2 管理模式

10.2.1 一座城市一个交通管理部门应设一处交通管理中心,对全路网智能交通服务和管理系统进行集中监控和管理。

10.2.2 当交通管理部门按区域管理时,可根据管理需求设置区域交通管理中心,作为上级交通管理中心的分中心。

10.2.3 城市特大桥梁和中、长、特长隧道以及综合交通枢纽等重大交通设施应设置独立的交通管理中心,对于地理位置分布较近又便于统一管理的,宜设置联合的交通管理中心,作为上级交通管理中心的分中心。

10.3 主要设施

10.3.1 智能交通服务与管理系统规划应根据城市发展总体规

划,确定智能交通服务与管理系统的规划范围。

10.3.2 智能交通服务与管理系统规划应根据不同交通设施的特性、等级和管理需求,合理确定设施规模。

10.3.3 城市道路智能交通服务与管理系统应包括交通管理中心/分中心、信息采集、信息发布和诱导、交通信号控制等设施。

10.3.4 城市公交智能交通服务与管理系统应包括交通管理中心/分中心、智慧公交停保场、智慧公交车站、公交优先信号控制等设施。

10.3.5 城市道路交通违法取证设施应充分根据交通管理部门的管理需求,结合道路交通特性以及产品性能等综合考虑,应包括交通管理中心/分中心、外场交通违法取证设施等。

10.3.6 智能交通服务与管理系统规划应包括支持上述设施的供电电源、通信等基础设施。

附录 A 车型换算系数

A.0.1 当量小汽车换算系数宜符合表 A.0.1 的规定。

表 A.0.1 当量小汽车换算系数

车种	换算系数
自行车	0.2
二轮摩托	0.4
三轮摩托或微型汽车	0.6
小客车或小于 3 t 的货车	1.0
旅行车	1.2
大客车或小于 9 t 的货车	2.0
9 t～15 t 货车	3.0
铰接客车或大平板拖挂货车	4.0

A.0.2 标准公交车换算系数宜符合表 A.0.2-1、表 A.0.2-2 的规定。

表 A.0.2-1 各类型公共汽电车车辆和有轨电车的标准公交车换算系数

类别	车长范围	换算系数
1	5 m 以下(含)	0.5
2	5 m～7 m(含)	0.7
3	7 m～10 m(含)	1.0
4	10 m～13 m(含)	1.3
5	13 m～16 m(含)	1.7
6	16 m～18 m(含)	2.0
7	18 m 以上	2.5
8	双层	1.9

表 A.0.2-2　各类型轨道交通(除有轨电车)车辆的标准公交车换算系数

类别	车长范围	换算系数
1	7 m 以下(含)	3.15
2	7 m~10 m(含)	4.50
3	10 m~13 m(含)	5.85
4	13 m~16 m(含)	7.65
5	16 m~18 m(含)	9.00
6	18 m 以上	11.25

A.0.3 非机动车换算系数宜符合表 A.0.3 的规定。

表 A.0.3　非机动车换算系数

车种	换算系数
自行车	1.0
电动自行车	1.2
三轮车、残疾人车	3.0

A.0.4 标准货车换算系数宜符合表 A.0.4 的规定。

表 A.0.4　货车车型换算系数

车型大小	载重量(t)	换算系数
小	<0.6	0.3
	0.6~3.0	0.5
中	3.1~9.0	1.0(标准货车)
	9.1~15.0	1.5
大	>15.0	2.0
	拖挂车	2.0

本标准用词说明

1　为便于在执行本标准条文时区别对待，对要求严格程度
不同的用词说明如下：

　　1）表示很严格，非这样做不可的用词：

　　　　正面词采用"必须"；

　　　　反面词采用"严禁"。

　　2）表示严格，在正常情况下均应这样做的用词：

　　　　正面词采用"应"；

　　　　反面词采用"不应"或"不得"。

　　3）表示允许稍有选择，在条件许可时首先应这样做的
用词：

　　　　正面词采用"宜"；

　　　　反面词采用"不宜"。

　　4）表示有选择，在一定条件下可以这样做的用词，采用
"可"。

2　条文中指明应按其他有关标准执行的写法为"应符
合……的规定"或"应按……执行"。

引用标准名录

1 《城市道路交叉口规划规范》GB 50647
2 《汽车加油加气站设计与施工规范》GB 50156
3 《爆炸危险环境电力装置设计规范》GB 50058
4 《无障碍设计规范》GB 50763—2012
5 《城市道路设计规程》DGJ 08—2106
6 《公共汽车和电车首末站、枢纽站建设标准》DG/TJ 08—2057

上海市工程建设规范

城市道路交通规划标准

DG/TJ 08—2340—2020
J 15430—2020

条 文 说 明

2021 上海

目　次

Contents

1 总　则

1.0.1　进入 21 世纪以来,随着中国城市规模的扩大,城市建设的飞速发展,小汽车的逐年增长,现代信息化技术的普及,轨道交通的大量出现,人们的交通出行方式、城市的交通出行需求都发生了极大的变化。上海作为国际化的大都市,目前正面临城市的更新以及城市格局的转变。

　　国家标准《城市道路交通规划设计规范》GB 50220—1995 是 1995 年 9 月 1 日实施的,距今已有 20 多年,已经不能满足 21 世纪的城市道路交通规划发展的需求。因此,城市道路交通规划,有必要立足于 21 世纪现代化城市的角度,基于先进的交通规划政策及策略,重新审视城市道路交通的规划方法及技术标准。另外,上海作为一个超大城市,国家标准在指导上海市城市道路交通规划工作中存在一些局限性,有必要根据上海城市发展的自身特点,进行调整、充实和完善,建立适合上海地区城市道路交通规划发展的技术标准。

　　现行上海市工程建设规范《上海市交通规划编制技术标准》DG/TJ 08—2039—2008 是 2008 年 7 月 1 日实施的,该标准对新城、新市镇的综合交通规划及特定区域的交通规划发挥了重要的指导作用。《上海市城市总体规划(2017—2035 年)》指出,未来上海将聚焦国家"一带一路"倡议和长江经济带战略,从长三角一体化发展的视角,谋划上海全球城市发展格局,以生态基底为约束、以重要的交通走廊为骨架,加强城乡统筹和布局优化,形成"网络化、多中心、组团式、集约型"的大都市区空间体系。同时强化上海作为国家交通枢纽的综合交通网络建设,实施公交优先战略,构建智慧友好的绿色交通系统,建立"枢纽型功能引领、网络化设施支撑、多方式紧密衔接"的交通网络,形成"安全、便捷、绿色、高效、经济"的综合交通体系。上海定位为全球创新城市,一是城市道路规划应统筹好上海周边新城与主城区形成合理分工、协同发展的"多中心、组团式"网络化城乡空间格局,居民交通出行需求的增加,使城市道路路网规模、布局也有相应的变化;二是突出绿色交通发展策略带来出行方式的改变,带动城市交通设施的进一步完善。另外,城市道路规划还需要服务长三角,为对外服务的大型综合交通枢纽提供保障。现有规划规范已跟不上城市发展的节奏,缺乏前瞻性,故需要新编规范以起到指导作用。

对于上海这个国际化大都市,人口密度更大,建设用地更为紧张,交通方式多样,交通拥堵问题仍是影响国计民生的重大问题。解决交通问题,规划必须先行,尤其是道路交通规划应有前瞻性,应从城市发展、综合交通、路网结构及指标、交通组织等多角度进行规范控制。基于这样的认识,结合上海交通的实际情况,充分解读95年版的《城市道路交通规划设计规范》,新编适用于上海城市发展的《城市道路交通规划标准》。

1.0.2 城市规模越大,城市道路交通类型和网络越复杂,交通问题也越多。不同规模城市在编制城市总体规划和道路交通规划时,所考虑的内容、范围和深度是不同的。本标准适用于上海市主城区、新城、新市镇的各类城市道路交通规划。

1.0.3 城市道路交通规划是城市空间规划体系中的一部分,遵守上下位规划之间规划内容的传递规则。国家、上海市级人民政府组织编制的经济社会、空间、综合交通等规划,是城市道路交通规划的上位规划和规划依据。

2 术 语

2.0.1 根据出行目的,可以分为通勤出行(上、下班,上、放学),公务、商务出行以及生活性出行(以购物、餐饮、探亲访友、娱乐休闲、看病探病等个人日常生活安排相关的出行)。

2.0.4 城市公共交通包括轨道交通、常规公交、有轨电车、无轨电车等。常规公交包括普通公共汽车和快速公交。

3 基本规定

3.1 一般规定

3.1.1 在城市道路交通规划编制过程中,城市用地规划中的空间与用地布局是进行交通需求分析的基础,城市综合交通规划中的发展战略与交通体系是各类道路交通规划的依据。

3.1.2 城市道路交通规划必须与城市土地使用和土地开发的强度紧密结合,充分利用各种交通方式来诱导和促进城市的发展。对于城市因自然条件或人为因素所造成的用地布局欠合理之处,可以借助城市交通改善,弥补其不足。

在交通机动化迅速发展的背景下,城市道路交通规划的理念需要转变,道路交通系统的规划要以人为本,将绿色与公平作为城市交通发展的重要原则,同时城市道路交通规划也需要保证交通运行的安全与高效,充分发挥机动交通发展对城市效率提升的作用,而规划建设的交通设施应符合城市实际的经济水平与地理、社会文化特征,交通系统的建设与运行节约、经济,规划的交通系统可实施。

3.1.3 城市经过多年的快速发展,城市不同区域在城市用地、交通系统建设方面具有不同的形态。在城市核心地区,大部分交通设施建设和用地开发已经接近完成,有些区域甚至城市用地开发已经完成,城市交通基础设施建设也基本完成。

在城市用地和交通基础设施大规模建设的地区,交通系统的规划要考虑到未来城市发展的各种可能性,满足建设的要求。而对于用地与交通建设接近或已经完成的地区,交通设施的建设不再是重点的规划内容,交通系统规划要在已有的交通空间基础上,根据交通需求的发展预测,通过交通空间的再分配适应城市活动需求变化的要求,主要在于步行、非机动车环境改善,加大城市公共交通空间保障等。

3.1.4 交通系统的规划还应当与城市经济发展水平相适应,应根据自身经济水平选择财务可持续的交通系统,避免盲目贪大求洋,过分超前建设不适应自身发展水平的交通系统,以满足交通系统可持续发展的要求。因此,交通规划要与城市用地及城市交通系统的发展阶段相适应。

3.2 规划内容

3.2.1 交通调查基础数据的真实、准确、完整,是保证交通规划符合所规划城市的特征,保障分析科学性和方案可操作性的前提。

3.2.2 交通调查基础资料应采用政府相关部门提供的正规统计资料,以及相关企事业单位正式提供的资料。资料收集必须涵盖城市交通供给、需求和运行的方方面面。对于快速发展中的区域,资料必须是最新的,才能反映城市的真实面貌。原则上,对于5年前的交通调查,只可用于历程分析和趋势分析。如果限于某些原因不能重新进行符合抽样率要求的交通大调查,也必须进行补充调查,对之前的调查数据进行修正,尤其需要进行与城市新发展地区、新增交通设施相关的调查。

交通调查和交通需求分析工作应符合相关技术导则或技术标准的规定。

上海市的部分区域(如临港新片区)还处于快速地成长之中,影响交通需求的空间、人口、用地等变化比较大,而且有些难以准确预测,城市综合交通规划的需求预测要针对城市发展的阶段,分析城市发展不确定性对交通设施布局与组织的影响。

城市交通设施布局与运行的经济性、公平性等日益引起重视,交通需求分析可根据需要对交通设施建设、运行等的经济性进行分析,并分析设施、政策、交通组织等对不同人群的影响,提高城市综合交通规划的公平性和经济性。

3.2.3 城市道路交通发展战略规划,首先要分析影响城市道路交通发展的外部环境和内部环境,从社会经济发展、城市人口增长、有关政策制定和执行、建设资金的变化等方面,确定城市交通发展的水平和目标,预估未来的城市客货流量、流向,确定城市对外交通和市内交通的各种交通网络的布局,以及各种交通的用地规模和位置,并落实在规划图纸上。同时,还应提出保证交通规划实施的各项交通政策建议。因此,规划图纸和规划说明报告同等重要。

在旧城进行城市交通规划和制定交通政策时,为了使土地的开发强度、车辆数和交通量的增长能与城市道路、停车设施等所提供的交通容量相适应,可以进行交通需求管理,控制地块上的建筑容积率,以及采取各种措施,在一定的时间或空间范围内禁止或限制某种交通工具通行,鼓励和发展占用城市道路时空少的交通工具。

3.2.4 城市道路交通综合网络规划的重点是在工程技术上下功夫,认真考虑实施规划的可能性。通过对城市的地形、地物,工程技术能力和水平,城市经济的发展和建设财力等多方面的深入调查研究、综合分析,结合各种规划构思,寻求多种适用、经济的方案,再经过技术、经济、环境等方面效益的评价比较,工程建设费用的估算,排出分期建设的序列,供决策者择优实施。

4 公共交通系统

4.1 一般规定

4.1.2 根据《上海市城市总体规划（2017—2035 年）》，提出公共交通的功能定位，及与个体机动交通、慢行交通的关系。

  1 公共交通系统按照制式和运量大小，可分为轨道交通、常规公交、辅助型公交。轨道交通特指采用轨道结构进行承重和导向的客运系统，一般运量较高，主要服务于城市内部或与近沪城镇之间的中长距离出行；常规公交指以常规公共汽电车沿固定线路按班次运行的客运系统，运量较轨道交通低，主要服务于城市内部的中短距离出行；辅助型公交指满足特定人群个性化出行需求的客运系统，运量最低，作为轨道交通和常规公交的补充。

  2 轨道交通分类如下：

    1） 城际线：包括城际铁路、市域铁路、轨道快线等。服务于主城区与新城及近沪城镇、新城之间的快速、中长距离联系，并兼顾主要新市镇，设计速度可达 100 km/h～250 km/h，平均站距 3 km～20 km，设计运能在 1 万人次/h 以上。

    2） 市区线：包括地铁、轻轨等。地铁服务高度密集发展的主城区，满足大运量、高频率和高可靠性的公交需求，设计速度可达 80 km/h，平均站距 1 km～2 km，设计运能 2.5 万人次/h～7.0 万人次/h；轻轨服务于较高程度密集发展的主城区次级客运走廊，与地铁共同构成城市轨道网络，设计速度可达 60 km/h～80 km/h，平均站距

0.6 km～1.2 km,设计运能 1 万人次/h～3 万人次/h。

    3）局域线:包括现代有轨电车、胶轮系统等。作为大容量快速轨道交通的补充和接驳,或服务局部地区普通客流、中客流走廊,提升地区公交服务水平,平均站距0.5 km～0.8 km,设计运能 0.5 万人次/h～1.5 万人次/h。

3 常规公交分类如下:

    1）骨干线:服务于城市主要客运走廊,提供较大运量、快速可靠的公交服务,主要承担中长距离出行,单向客运能力 0.5 万人次/h～1 万人次/h;所经主要通道优先设置公交专用道,提高运行的速度和可靠性;运营组织采取灵活的方式,如设置大站快车、直达快线等。

    2）次干线:连接两个或两个以上的区域,服务于区域性主要客运走廊,通过加密公交线网提高公交线路的覆盖范围,主要承担中短距离出行,单向客运能力0.2 万人次/h～0.5 万人次/h。

    3）驳运线:服务于居住社区、商务区等局部区域,通过与轨道交通站点、交通枢纽以及周边的学校、社区服务中心、医院、商场等公共活动区域相连接,填补公交线网空白区域或服务不便区域,满足居住区乘客换乘或生活出行需求,主要承担短距离出行,单向客运能力0.2 万人次/h以下。驳运线应与共享单车错位发展,从服务对象上,共享单车主要服务青年和中年等熟悉手机操作的人群,而驳运线可服务所有人群,且安全性相对更高;从服务范围上,共享单车的投放主要集中在主城区,郊区仅在轨道交通沿线区域有部分车辆投放,而驳运线的服务范围更为广泛,根据客流的实际需求而开设。此外,目前上海市已严格限制共享单车的投放,而驳运线可根据每年新增的居住区、商务区、公交枢纽等进行线路的新辟,填补公交空白。

本标准主要以与道路空间相关的内容为主,故第 4.2～4.5 节中的条文以常规公交为主,轨道交通指标可参照相关规范执行,辅助型公交仅在第 4.6 节中提出发展方向。

4.1.3 若无特殊说明,本条涉及的出行时耗包含两端通过其他交通方式接驳的时间。根据《上海市城市总体规划(2017—2035 年)》,对上海市不同区域进行划分:

1) 主城区:主城区包括中心城、主城片区,以及高桥镇和高东镇紧邻中心城的地区,范围面积约 1 161 km²,规划常住人口规模约 1 400 万人。

2) 中心城:为外环线以内区域,范围面积约 664 km²,规划常住人口规模约 1 100 万人。

3) 主城片区:虹桥、川沙、宝山、闵行 4 个主城片区,范围面积约 466 km²,规划常住人口规模约 300 万人。

4) 新城:重点建设嘉定、松江、青浦、奉贤、南汇 5 个新城,培育成为在长三角城市群中具有辐射带动能力的综合性节点城市,按照大城市标准进行设施建设和服务配置,规划常住人口约 385 万人。

5) 新市镇:突出新市镇统筹镇区、集镇和周边乡村地区的作用,根据功能特点和职能差异,分为核心镇、中心镇和一般镇。核心镇主要指位于金山滨海地区的金山卫镇和山阳镇及崇明城桥地区的城桥镇;中心镇主要指郊区位于发展廊道且发展基础良好的城镇,包括罗店、安亭、南翔、江桥、朱家角、浦江、佘山、九亭、枫泾、朱泾、亭林、海湾、奉城、周浦、康桥、唐镇、曹路、惠南、祝桥、长兴、陈家镇等;一般镇包括城镇化水平较低的独立型城镇。

4.1.4 万人公共交通车辆保有量为上海市创建国家公交都市考核指标,指标定义为:统计期内,按某区域人口计算的每万人平均拥有的公共交通车辆标台数(单位:标台/万人,含公共汽电车、有轨电车、轨道交通）。计算方法如下：

$$万人公共交通车辆保有量 = \frac{公共交通车辆标台总数}{区域人口} \times 100\%$$

$$\tag{1}$$

其中，公共交通车辆标台换算系数见本标准附录 A 中表 A.0.2-1、表 A.0.2-2。

若线路全线位于某区域内部，则根据其配车总数换算标台数；

若线路仅有部分位于某区域内，线路位于该区域内的标台数

$$= \frac{线路位于该区域内的站点个数}{线路站点总数} \times 线路总标台数。 \tag{2}$$

全市考核值为 25 标台/万人，截至 2018 年底，全市已达到 33 标台/万人的水平，其中公共汽电车占比约 25%，轨道交通占比约 75%。有无轨道交通，对该指标有较大影响，因此应区分确定具体数值。主城区较全市平均水平适当提高。《上海市城市总体规划（2017—2035 年）》对新城及规划人口 10 万以上的新市镇的公共交通发展也提出较高要求，故也单独列出发展要求。

4.1.5 内环内、城市主中心及主城副中心，公共交通设施相对较为发达，故对公交出行链中的单次换乘距离与时间提出更高的要求。此处换乘距离指换乘步行距离，换乘时间包含换乘步行时间和等车时间。

4.2 常规公共交通线网

4.2.3 不同区域的公交线网，有着不同的特征。根据《上海市城市总体规划（2017—2035 年）》，对上海市主城区内的重点区域进一步细分：

1）城市主中心：包括小陆家嘴、外滩、人民广场、南京路、淮海中路、西藏中路、四川北路、豫园商城、上海不夜城、世

博-前滩-徐汇滨江地区、徐家汇、衡山路-复兴路地区、中山公园、虹桥开发区、苏河湾、北外滩、杨浦滨江(内环以内)、张杨路等区域。

2) 主城副中心:包括江湾-五角场、真如、花木-龙阳路、金桥、张江、虹桥、川沙、吴淞、莘庄。

根据区域差别化原则,内环内、城市主中心、主城副中心、主城区(内环内、城市主中心、主城副中心)及新城、新市镇、其他区域的线路网比率、线路网密度、平均换乘次数等指标有所差别,越临近市中心,线路网比率及线路网密度应越高,而平均换乘系数应越低。

其中,计算线路网比率时,通常需扣除公路长度;计算线路网密度时,通常需扣除城市面积中在技术上不适合公共交通服务的面积,如大型水域、公园、绿地等。

4.2.4 不同类别公交线路的长度、非直线系数、与其他单条线路重复度等指标有所差别,骨干线以长、直、快为最大特点,不宜超过 30 km。次干线以中短距离出行为主,不宜超过 20 km。而驳运线主要解决接驳的短距离出行,并弥补支小道路公交空白。

4.3 公共交通车站

4.3.2 公共交通站距受交叉口间距和沿线客流集散点分布的影响,不同类别公交线路是不同的,根据其运行道路、服务区域、出行距离、线路形状等特征,确定站距。

4.3.3 本条参考了《上海市城市总体规划(2017—2035 年)》及《上海市交通发展白皮书》(2014 年)。根据不同区域的公交发展特征,分别制定 300 m 和 500 m 面积覆盖率指标。覆盖用地面积通常需扣除城市面积中在技术上不适合公共交通服务的面积,如大型水域、公园、绿地等。

4.3.4 本条参考了《上海市城市总体规划(2017—2035 年)》。轨道交通的布设以客流为支撑,主要串联重要的功能组团,发展目标和功能定位不同于常规公交,因此,该条文在覆盖用地面积比例的基础上,增加对覆盖人口和覆盖岗位的指标描述,更加客观、合理。覆盖用地面积通常需扣除城市面积中在技术上不适合公共交通服务的面积,如大型水域、公园、绿地等。

4.3.6 公交停靠站若设置在交叉口进口道,则可能导致公交车靠站后,在交叉口处遇到二次停车,影响整体运行效率,故公交停靠站设置在交叉口出口道更为宜。交叉口附近设置的公交停靠站间的换乘距离不宜过远,以免对乘客带来不便。公交停靠站线路数过多,会导致高峰时段公交车辆进站排队溢出,对道路主线的运行产生影响,故线路过多应考虑分站台设置。

4.3.7 主城区新建或改扩建城市主干道,公共交通港湾式停靠站设置比例应达到100%,该项为上海市创建国家公交都市参考指标,主城区交通流量密集,有条件的城市主干道,原则上都应设置港湾式公交站,减少公交车辆进出对道路通行能力的影响。

4.4 公共交通场站

4.4.4 具体指标应符合上海市工程建设规范《城市有轨电车线网规划编制标准》DG/TJ 08—2196—2016 的相关规定。

4.4.7 根据交通运输部《城市公共交通"十三五"发展纲要》(2016年),要健全公共交通用地综合开发政策落实机制。细化城市公交用地综合开发政策,优先满足和节约集约利用城市公交用地。推动城市公交枢纽周边和城市轨道交通、快速公共交通系统等城市公交走廊沿线土地的综合开发利用,促进城市公交与周边区域协同发展。建立健全城市公交用地综合开发增值效益反哺机制,保障用地综合开发收益用于城市公交基础设施建设和弥补运营亏损。

4.5 公共交通专用道

4.5.2 本条参考了上海市工程建设规范《公交专用道系统设计规范》DG/TJ 08—2172—2015,对设置公交专用道的单向机动车车道数、高峰单向断面公交客流量、公交车流量等分别进行了界定,并在一定程度上降低了设置公交专用道的门槛,提高道路资源利用率。

4.5.3 具体应符合上海市工程建设规范《公交专用道系统设计规范》DG/TJ 08—2172—2015 的相关规定。

4.5.4 按照公交专用道在路段上所处位置的不同,常用的形式主要有三种:外侧式、路中式和次外侧式。通过分析这三种形式的优缺点,制定各自的适用情况,见表1。

表 1　不同公交专用道布置形式的优缺点

布置形式	优点	缺点
外侧式	1) 便于设站 2) 无需改造车门 3) 实施方便易行 4) 投资少	1) 易受路侧车辆及非机、行人交通的干扰 2) 不利于公交车左转 3) 不利于社会车辆右转 4) 不利于设置出租停靠站
路中式	1) 不受路边停车影响 2) 不受非机动车影响 3) 不受单位进出交通影响	1) 不利于设站 2) 不利于公交车右转 3) 不利于社会车辆左转 4) 给乘客出行带来一定安全隐患
次外侧式	1) 不受路边停车影响 2) 不受非机动车影响 3) 不单位进出交通影响	1) 不利于公交车辆进出站及转向公交车辆的运行 2) 对社会车辆的行驶造成一定的阻隔

4.5.5 公交车的主要延误在交叉口,道路上的公交车能否实现较高准点率,关键是减少公交车在交叉口的延误。因此,在交叉口采取合适的公交优先方式对提高交叉口的通行能力,减少公交车

延误非常有必要。

如果公交专用道延伸到交叉口停车线（即设置专用进口道），可能会导致这样的问题：在信号控制交叉口，公交专用进口道排队的车辆较少，而其他进口道排队很长；如果专用道沿最外侧机动车道设置，并一直延伸到路口，会导致另外一个问题：右转车与专用道上的公交车存在交织（除非设置专用右转相位）。在这两种情况下，专用道终止于停车线前一段距离，把这个距离叫作"回授距离"或"回授线"。回授线上的通行权，一般规定在回授线上，仍然公交车优先，只有在回授线上没有公交车时，其他车辆才可以进入。

5 慢行交通

5.2 非机动车交通

5.2.1 电动自行车应符合国家标准《电动自行车安全技术规范》GB 17761—2018 的相关规定,最高设计车速不超过 25 km/h。共享自行车应符合《上海市鼓励和规范互联网租赁自行车发展的指导意见(试行)》(2017 年)的相关规定。

5.2.2 慢行区划分须考虑均质原则、行政原则、自然屏障,同时应尽可能以 3 km 为半径划分。

5.2.3 街道的分类参考《上海市街道设计导则》(2016 年),综合考虑沿街活动、街道空间景观特征和交通功能等因素,将街道划分为商业街道、生活服务街道、景观休闲街道、交通性街道和综合性街道五大类型。

表 2 各类型街道主要功能

街道类型	主要功能
商业街道	街道沿线以中小规模零售、餐饮等商业为主,具有一定服务功能或业态特色的街道
生活服务街道	街道沿线以服务本地居民的生活服务型商业(便利店、理发店、干洗店等)、中小规模零售、餐饮等商业以及公共服务设施(社区诊所、社区活动中心等)为主的街道
景观休闲街道	滨水、景观及历史风貌特色突出、沿线设置集中成规模休闲活动设施的街道
交通性街道	交通性功能较强的街道
综合性街道	街道功能与界面类型混杂程度较高,或兼有两种以上类型特征的街道

5.2.6 在城市机动车流量较小的社区道路内采用机非混行车道的同时应探索采用稳静化措施,以降低机动车车速,限制车流,减少交通事故,保证行人安全。应因地制宜选择稳静化措施,如减速带、减速拱、槽化岛、行车道收窄、路口收窄、抬高人行横道、道路中心线偏移、共享街道等。

5.2.7、5.2.8 主要用以解决非机动车等车辆停放难、停放乱的问题。主要从大型公共设施和城市道路两个方面考虑非机动车辆的停放。大型公共设施宜尽量考虑在建设用地红线内规划永久性非机动车停放区,或在服务半径允许范围内结合周边地块规划非机动车停放区;为保障行人通行顺畅,城市道路内人行道小于3 m 不宜设置非机动车停放区域,同时城市道路内的非机动车停放尽量与周边建筑退界协调设置。

5.3 步行交通

5.3.4 人行过街设施的设置参考了行业标准《城市人行天桥与人行地道技术规范》CJJ 69—1995(2003 年修改)第 2.4 节中相关条文。其中,相关封闭式道路主要指封闭快速路、跨线桥、下立交等类型道路,根据其不同的街道类型考虑人行过街设施的间距。

街道类型参考《上海市街道设计导则》(2016 年),综合考虑沿街活动、街道空间景观特征和交通功能等因素,可以将街道分为商业街道、生活服务街道、景观休闲街道、交通性街道和综合性街道五大类型。

不同街道类型的过街设施间距,参考了国内其他城市的相关规定,其中重庆市《城市道路人行过街设施设计标准》DBJ50/T—278—2018 中规定,主干路上间距宜为 300 m～400 m;在次干路上和支路上,间距宜为 200 m～300 m,100 m～200 m。《武汉市建设工程规划管理技术规定》(2014 年)中规定,主干道人行过街设施平均间距不应大于 400 m,次干路、支路人行过街设施平均间距不应大于 250 m。

6 货运交通

6.1 一般规定

6.1.2 货运交通是城市交通重要组成部分,应确保货运交通与客运交通同等重要,保障货运交通在城市范围的正常运行。

货运交通规划的目标可以分为三个层次:

    1)基础设施建设上,合理规划城市货运枢纽,完善货运通道网络建设,有效平衡货运和客运对城市交通资源的占用。

    2)运输组织管理上,规划承担运输骨干作用的货运通道和承担毛细作用的城市配送网络,提高城市货运配送服务的效率。

    3)社会环境影响上,降低货运交通事故数量,减少货运交通的污染气体排放以及振动、噪声污染。

随着城市经济活动日渐活跃,城市生产、生活及商业运营对于货物的运输速度、质量、准点率等有了更高的要求,故城市内部的货物配送车辆必须能够保障其正常通行。

6.1.3 重大件货物是指单件货物超大、超重,在运输过程中要使用特殊载运工具的货物。这种货物一般采用水运、铁路运输,要根据货物属性规划专用货运通道,通道的宽度、净空、路面的承载力等均需要满足重大件货物运输要求。专用货运通道是指生产重大件货物的企业到对外货运枢纽的连接通道。在有重大件货运运输需求的通道上,宜有专用货运通道。

危险品货运运输应满足危险品货物运输管理各项规定,为保障危险品运输专用通道周边安全,应保持远离居民区及人口密集地区。

在海关监管货物运输量大的通道上,宜规划专用的通道,以保障监管货物的安全和运输效率。

6.2 城市对外货运枢纽及其集疏运交通

6.2.1 对外货运枢纽应包含:①各种运输方式的货运场站,如港口、机场、铁路货运场站、公路货运场站;②各种运输方式货运场站延伸的地区性货运中心,如港口、机场或铁路货运场站延伸的货运中心。

港口、机场、铁路货运场的选址属于各专项规划的内容,公路货运场站的选址要考虑需求与对内外交通的衔接;由各种运输方式货运枢纽延伸的地区性货运中心要与货运枢纽相邻,如果由于用地的限制,需要规划分离式地区性货运中心,必须有与货运枢纽相连接的专用货运通道;如港口延伸的地区性货运中心,如果与港口是分离的,必须要有与港口相连接的专用货运通道,专用货运通道可以是专用铁路、高速公路,或者高等级公路,这些专用货运通道必须具有大运能、安全、环保等特征。

地区性货运中心城市乃至整个区域的货物集散地及增值服务集聚区,处理的货量巨大,汇集大量的大、中型货运车辆。大、中型货运车辆的行驶,无论是噪声、振动,或对道路交通的干扰,都十分严重,而居民住宅区是典型的生活性集聚用地,对于环境质量有着较高的要求,因此,对外枢纽布局应远离居民住宅区。

6.2.2 城市对外货运枢纽的集疏运系统规划应符合下列要求:

1 依托航空、铁路、公路的城市货运枢纽,公路是其主要的集疏运方式,必须规划高速公路或高等级公路与其连接,以保障货运枢纽对外通道的畅通。

2 依托港口、大型河港的城市货运枢纽应加强水路集疏运通道建设,使用环保集疏运方式;根据港口货运的属性,尽可能使用铁路集疏运方式;必须要有高速公路的集疏运方式,高速公路的数量和通行能力要根据港口的货运量及流向确定。

3 油气、液体等适用于管道运输的货物,必须规划管道运输的集疏运方式;管道必须远离居民区和人流集中区域,保障城市和人民生命财产安全。

4 城市货运枢纽要尽可能设置在对外联系通道附近,到达对外通道的时间应尽可能少,不宜超过 20 min。

6.2.3 开展地区性货运中心对区域内各类交通设施、周围交通环境的影响分析,包括建设项目产生的交通对各相关交通系统设施的影响,分析交通需求与路网容纳能力是否匹配

6.3 城市内部货运交通

6.3.1 城市内部货运交通包括为工业企业服务的生产性货运交通和为城市商业、居民办公服务的生活性货运交通。

6.4 货运道路

6.4.1 城市货运道路是城市干路的重要组成部分。由于货运车辆比客运车辆重、速度慢、交通量大、噪声振动污染严重,对道路通行能力、城市环境和行车安全影响较大。因此,在道路网规划中,要明确划分出货运道路,使主要的货运车辆相对集中在货运通道上行驶。

6.4.2 本条参考了国家标准《城市道路交通规划设计规范》GB 50220—1995。

6.4.3 城市货运道路是城市货物运输的重要通道,应满足城市自身的大型设备、产品以及抗灾物资的运输要求。其道路标准、桥梁荷载等级、净空界限等均应予以特殊考虑。这也是城市抗灾设防所必须具备的条件。

7 城市道路系统

7.1 一般规定

7.1.1 城市道路系统的目标除了履行其交通职能之外,还要坚持"绿色、协调、生态",通过城市道路交通建设对土地开发强度起到促进和制约作用。

7.1.5 城市道路网的布局应尊重城市格局特征,如历史文化区域的道路网布局应综合考虑文化遗产保护的要求;道路网布局还应以现有的道路系统为基础,综合考虑城市空间拓展和城市更新的空间发展需求。

7.2 道路网规划布局

7.2.5 由快速路和主干路组成的骨干道路系统在城市交通中起到"通"的作用,对效率要求较高,在大城市及以上规模的城市中,城市空间大,路网复杂,出行者容易形成依赖少数几条快速路或主干路的现象,从而造成整个路网资源使用不均匀,骨干道路网络反而拥堵,这在城市道路布局中应当避免,骨干道路系统布局应促进出行者形成多样化的路径选择,提高道路网络整体的使用效率。集散道路与地方道路主要起到"达"的作用,方便居民集散。城市的不同功能地区由于出行特征不同,导致集散道路与地方道路的布局特征有一定的差异性,例如居住功能地区、商业区和就业集中的商务区、工业区等。

7.3 城市道路

7.3.6～7.3.9 上海正在逐步形成"网络化、多中心、组团式、集约型"的大都市区空间体系。本标准主要针对上海市内不同等级城市道路的设置条件、功能定位等内容进行规定,体现出各级城市道路在组团间、组团内起到的交通功能和服务功能。

7.3.10

5 道路竖向规划中的重要指标是道路纵坡。机动车车行道纵坡应符合表 3 的规定。

表 3　城镇道路机动车车行道规划纵坡

道路类别	设计速度(km/h)	最小纵坡(%)	最大纵坡(%)
快速路	60～100		4～6
主干路	40～60	0.3	6～7
次干路	30～50		6～8
支(街坊)路	20～40		7～8

非机动车车行道规划纵坡宜小于 2.5%。大于或等于 2.5%时,应按表 4 的规定限制坡长。机动车与非机动车混行道路,其纵坡应按非机动车车行道的纵坡取值。

表 4　非机动车车行道规划纵坡与限制坡长

规划纵坡(%)	3.5	3.0	2.5
自行车(m)	150	200	300

机动车道和非机动车道纵断面布置还应符合上海市工程建设规范《城市道路设计规程》DGJ 08—2106—2012 的相关规定。

7.3.11 上海地区抗震设防烈度为 7 度,水平向设计基本地震动峰值加速度为 0.1g。城市道路在遭遇灾害的紧急时刻能确保交通畅通,对抢险救灾和防止次生灾害蔓延起着极大的作用。例如:维系生命线的各种主干管,若埋设在快速路和主干路下,一旦遭到破坏需要抢救,会影响甚至中断交通,对救灾工作极为不利。又如:地震区采用刚性路面,受灾后路面板块翘曲、撕裂,接缝处高差达数十厘米至 1 m 多;立体交叉的高架桥梁下坠,切断交通,且一时无法清除,严重影响抢救车辆的通行。条文中对城市道路规划所提出的要求,是用血的教训换来的,必须贯彻执行。

7.4 城市道路交叉口

7.4.1 交叉口选型,在总体规划阶段,受规划条件限制,只能按相交道路类型的分类选择平面交叉或立体交叉,并视条件可初步选择立体交叉形式;在控制性详细规划阶段,有条件时,可根据交叉口相交道路类型的分类及其功能与基本要求的不同,选定合适的交叉口类型。

7.4.2 平面交叉口的交通组织通过平面布局来组织分配各交通流的通行路径,通过交通管理来组织分配各交通流的通行次序。本标准中,结合交叉口平面布局方案及交通管理方式,将平面交叉口分为三大类六小类。

7.4.3 城市道路设计中,一般情况下在道路规划阶段已确定平面交叉口类型及用地范围。在之后具体设计中依据规划条件,结合功能要求和控制条件,选定合适的交叉口类型。

7.4.5 无交通流数据时,新建、改建交叉口进口道长度可按本标准表 7.4.5 取用,该表引自上海市工程建设规范《城市道路平面交叉口规划与设计规程》DGJ 08—96—2013。经多年来的设计实践,认为该表所列指标较为适当和实用。长信号周期路口以及转向流量大的路口,可根据实际情况增加展宽段和渐变段的长度。

7.4.7 平面交叉口的形式有十字形、T 形、Y 形、X 形、环形交叉、多路交叉、错位交叉、畸形交叉等。通常,采用最多的是十字形,形式简单,交通组织方便,适用范围广。规划阶段应避免畸形交叉口,并且交叉口的交叉角不应太小,国家标准《城市道路交通规划设计规范》GB 50220—1995 规定,交叉口的最小交叉角为 45°,

行业标准《城市道路工程设计规范》CJJ 37—2012(2016年版)规定,最小交叉角为70°。

7.4.8 地块出入口距交叉口的距离指从地块出入口通道缘石边线(近交叉口侧)到交叉口转交缘石曲线的端点的距离。

7.4.9 本市城市道路网中历史上也曾有不少地面环形交叉口,但随着城市建设和交通的发展,地面环形交叉口因不能适应交通发展,除个别外,均已被拆除。在后来建设的高架道路立交中采用的环形立交,目前也是交通矛盾较大,或是已被改造,或是准备改造。

因此,对在用地条件有限的城市道路中采用环形交叉口应慎重,本标准仅提出概要的适用原则。环形交叉口不宜用于规划交通量超过2 700 pcu/h当量小汽车数的干路相交的交叉口,该交通量仅包含左转和直行交通量,不包含右转交通量。

环形交叉口适用于城镇圈交通量不大、信号灯设置不方便的交叉口、四路以上的交叉口,以及有特殊景观要求的交叉口,并且交叉口上相邻道路中心线间夹角宜大致相等,道路纵坡度应平缓。

7.4.13 本标准对立体交叉口的分类引自行业标准《城市道路工程设计规范》CJJ 37—2012(2016年版)。由于不同的立交形式,立交的互通标准会形成较大的差异,对通行能力和服务水平都有较大的影响,所以将立体交叉按照交通流线的交叉情况,采用直行交通、转向交通和机非干扰程度指标,分为枢纽立交和一般立交。立体交叉口类型及交通流行驶特征见表5。

表5 立体交叉口类型及交通流行驶特征

立体交叉口类型	主路直行车流形式特征	转向车流行驶特征	非机动车及行人干扰情况
立A类 (枢纽立交)	连续快速行驶	较少交织,无平面交叉	机非分行,无干扰
立B类 (一般立交)	主要道路连续快速行驶,次要道路存在交织或平面交叉	部分转向交通存在交织或平面交叉	主要道路机非分行,无干扰;次要道路机非混行,有干扰

立体交叉口类型	主路直行车流形式特征	转向车流行驶特征	非机动车及行人干扰情况
立 C 类 （分离式立交）	连续形式	不提供转向功能	—

7.4.14 城市道路立交分类及选型直接影响立交功能、规模和工程造价，是立交规划、设计的重要依据之一。

7.4.15 车道数取决于道路设计通行能力和服务水平，本条不仅规定了立交范围内主路基本车道数应与路段基本车道数连续一致，而且在匝道分合流处，还必须保持车道数的平衡。一般情况下，分合流前后的主线车道数应大于等于分合流后前的主线车道数与匝道车道数之和减1；当不满足时，应设置辅助车道。

7.4.17 城市道路与铁路及轨道交通相交时，应符合国家标准《城市道路交叉口规划规范》GB 50647—2011 的相关规定。

城市快速路和主干路都是交通功能强、服务水平高、交通量大的骨干道路，进出口实行全控制或部分控制。这些道路和铁路交叉如果采用平面交叉，当道口处于开放状态时，汽车通过道口需限速行驶，严重影响道路的交通功能；当道口处于封闭状态时，会造成严重的交通堵塞，故规定必须采用立体交叉。次干路和支路与运量不大的铁路支线、地方铁路、工业企业铁路交叉时，根据实际情况选择交叉形式，当建设条件实在困难的情况下，可设置平面交叉道口，但必须采取关闭道口、限速行驶等交通管理措施。

7.5 道路衔接规划

7.5.1 地方道路系统直接与干路衔接时，必须通过停车让行标志来进行组织，不能保证二者之间集散的时效性；集散道路系统必须通过信号控制手段确保集散交通安全与效率。

8 客运枢纽

8.2 客运枢纽类别

8.2.2 根据国家标准《城市综合交通体系规划标准》GB/T 51328—2018,城市客运枢纽按其承担的交通功能、客流特征和组织形式,分为综合客运枢纽和公共交通枢纽两类。

结合《上海市城市总体规划(2017—2035年)》,在上海市原有客运枢纽分类基础上,将客运枢纽分为综合客运枢纽(A类)和公共交通枢纽(B类)两大类,并进一步将A类枢纽分为A1、A2、A3三小类,将B类枢纽分为B1、B2、B3、B4四小类。

1 A类枢纽以大型对外交通设施为主体,包括航空、铁路、公路、水运等客运方式,服务于城市对外客流集散与转换,根据枢纽在客运体系的功能定位及其服务和辐射范围,进一步细分为三个等级。

根据枢纽功能定位和辐射范围,结合上海市城市总体规划,将综合客运枢纽划分为A1国际(国家)级枢纽、A2区域级枢纽和A3城市级枢纽三级。A1国际(国家)级枢纽包括浦东枢纽及虹桥枢纽,服务范围为上海乃至长三角区域,辐射全国乃至全球核心城市;A2区域级枢纽服务范围为上海市域,辐射长三角区域及全国主要城市,承担中长距离城际交通集散与转换,包括上海站及上海南站;A3城市级枢纽服务范围为上海市主城区、城镇圈重要节点,辐射上海市域及长三角区域,辅助承担中长距离城际交通集散与转换,包括上海西站、松江南站等。

2 B类枢纽以市内公共交通设施为主体,服务于城市公交为主的多种客运交通之间的转换,根据枢纽接入交通方式及换乘客流规模,进一步细分为四个等级。将公共交通枢纽分为 B1、B2、B3、B4 四类,保证了城市交通系统规划建设的延续性和实际工程中的可操作性。

8.3　客运枢纽交通衔接

8.3.1　客运枢纽承担的交通功能主要有换乘功能、接驳功能和到发功能,完善客运枢纽的建设就需要进行运能的合理配置和公共交通的协调调度。因此,对客运枢纽衔接方式提出具体要求。

客运枢纽规划设计过程中,需要明确各阶段总体设计牵头单位,并按照建设运营管理服务要求确定主要协调单位。因此,需根据"综合客运枢纽主导方式"作为 A 类枢纽设计分类依据。

一般情况下,机场、港口码头受天然地理条件约束(如机场受空域、净空限制,港口码头受水域限制),选址自由度最差,其他方式需在机场、港口码头位置确定的条件下进行配套才能形成综合客运枢纽,而且建设标准最高;铁路客运站受铁路线位、地质条件等限制,选址自由度次之;公路客运站选址自由度最高,但一些位于城市中心区的公路站受到土地资源条件限制,只能通过对既有站场设施的改造来构建综合客运枢纽,此时,公路方式可认定为主导方。因此,A 类枢纽主导方宜按照航空、铁路、公路、水运的优先次序进行判定。

8.3.2　在确定枢纽的交通衔接方式及不同交通方式之间换乘客流量的基础上,对新建综合客运枢纽的交通基础实施建设要统一规划、统一设计、同步建设、协同管理,对已有衔接效率不高、功能不完善的综合客运枢纽须加强改造,完善功能。

8.4　客运枢纽用地规模

8.4.2　本条主要参照了国家标准《城市综合交通体系规划标准》

GB/T 51328—2018、《城市停车规划规范》GB/T 51149—2016 和
上海市工程建设规范《公共汽车和电车首末站、枢纽站建设标准》
DG/TJ 08—2057—2009 等相关规范标准。其中，地面机动车停车
场标准车停放面积宜采用 25 m² ～30 m²，地下机动车停车库与地上
机动车停车楼标准车停放建筑面积宜采用 30 m² ～40 m²，机械式机
动车停车库标准车停放建筑面积宜采用 15 m² ～25 m²。

8.5　客运枢纽交通组织

8.5.4　在大型综合交通枢纽中，当水平换乘距离过长时，宜采用
立体换乘的方式来缩短水平换乘距离。

8.6　城市广场

8.6.1　公共广场是可供市民举行集会、文化、健身、休憩的公共场
所，如市民广场、文化广场、纪念广场、商业广场、体育（馆）场、展
览馆等各类主题广场；交通集散广场布置在车站、港口、机场、运
动场、大型公共建筑物等的前面，供上述场所大量车辆和行人集
散停留。城市中有些广场由于所处位置等历史原因，往往具有多
种功能。

8.6.3　本条参考《上海市控制性详细规划技术准则》（2016 年修
订版）的相关规定确定，鼓励设置中小尺度的广场，单个广场用地
面积在 400 m² ～1 000 m²。

8.6.5～8.6.6　为了适应广场多功能的交通要求，需进行广场及其
衔接道路的交通组织，严禁快速路及过境交通穿越广场；广场内
交通不应交叉或逆行，应尽量使人车分离，避免车流、人流互相干
扰；结合周围道路进出口，实行车辆、人流就近多向分流，方便迅
速疏散；在广场四周或边缘地带应结合地物条件，安排足够容纳
量的非机动车、机动车停车场。

9 停车场与服务设施

9.1 一般规定

9.1.1~9.1.2 停车场规划应在交通发展战略目标的总体框架下进行,实行差别化供给策略,调节停车供需关系,促进停车供给与道路容量和车辆增长协调发展。

配建停车场及路边停车主要参考上海市工程建设规范《建筑工程交通设计及停车库(场)设置标准》DG/TJ 08—7—2014 及《城市停车设施建设指南》(2015 年)。公共停车场是位于道路红线以外的独立占地的面向公众服务的停车场和由建筑物代建的不独立占地的面向公众服务的停车场。

9.1.3 本条参考了上海市工程建设规范《电动汽车充电基础设施建设技术规范》DG/TJ 08—2093—2012 和《上海市电动汽车充电基础设施专项规划(2016—2020 年)》。

9.2 停车场

9.2.7 公共停车场分布应在停车需求预测的基础上,以城市不同停车分区的停车位供需关系为依据,按照区域差别化策略原则确定停车场的分布和服务半径,应因地制宜地选择停车场形式;城市公共停车场应集约用地,因地制宜地选择停车场形式,可结合城市公园、绿地、广场、体育场馆及人防设施修建地下停车库,在土地资源紧张的区域宜建设停车楼、机械式停车库。

9.2.8 换乘停车场是指为了鼓励公众使用公共交通工具出行,引导个体交通使用者换乘公共交通而设置的停车场。机动车换乘停车场应为居民从小汽车出行方式转向公共交通、自行车等绿色交通出行方式提供车辆停放的空间。通常布设在城市中心区以外,靠近轨道交通车站、公共交通枢纽站、公共交通首末站以及对外联系的主要公路通道附近。换乘停车场规模应根据交通发展战略的要求,结合公交枢纽、站点客流量等因素,采用定性与定量相结合的方法研究确定。

轨道交通换乘接驳应以公交、自行车、步行等方式为主导,在公交接驳条件较差时,可设置一定规模的机动车换乘停车场。通过借鉴东京、伦敦、首尔等国际城市经验,与轨道交通结合的机动车换乘停车场停车位的供给总量不宜小于轨道交通线网全日客流量的 1‰,且不宜大于 3‰。

9.3 公共加油(加气)站

9.3.3 本条参考了国家标准《城市综合交通体系规划标准》GB/T 51328—2018 及广州、重庆、深圳等城市加油(加气)站规划确定用地指标。

9.3.4 间距要求与国家标准《城市综合交通体系规划标准》GB/T 51328—2018 一致。

9.4 充换电站

9.4.1 参考《国务院办公厅关于加快电动汽车充电基础设施建设的指导意见》(国办发〔2015〕73 号)、《上海市电动汽车充电基础设施专项规划(2016—2020 年)》,每 2 000 辆电动汽车应至少配套建设 1 座充换电站。参考上海市工程建设规范《电动汽车充电基础设施建设技术规范》DG/TJ 08—2093—2012 及上海、北京、武汉、中山等城市充换电站规划,确定充换电站的服务半径不宜大于 3 km。

9.4.2 充换电站的选址,应符合上海市工程建设规范《电动汽车充电基础设施建设技术规范》DG/TJ 08—2093—2012 中第 4.1 节的相关规定。

9.4.3 根据国家标准《汽车加油加气站设计与施工规范》GB 50156—2012(2014 年版)中第 3.0.2 条的规定,满足安全间距等要求,可以结合加油站设置充换电站。

9.4.4 本条规定的用地面积与上海市工程建设规范《电动汽车充电基础设施建设技术规范》DG/TJ 08—2093—2012 一致。大型充换电站应配备不少于 6 台非车载直流充电机,为 2 辆大型车或 4 辆小型车提供换电服务的能力,实际使用面积不应小于 2 000 m²,具备对中、小型充电站换电电池的配送能力。中型充换电站应配备不少于 4 台非车载直流充电机,为 1 辆大型车或 2 辆小型车提供换电服务的能力,实际使用面积不应小于 1 000 m²。小型充换电站应配备不少于 2 台非车载直流电机,为 2 辆小型车提供换电服务的能力,实际使用面积不应小于 200 m²。

9.4.5 停车场宜建设配套充电设施,坚持自(专)用充电为主、社会公用补电为辅,布局合理、智能高效,与新能源汽车发展相适应。本条参考了《国务院办公厅关于加快电动汽车充电基础设施建设的指导意见》(国办发〔2015〕73 号)。

9.5 其他服务设施

9.5.1 越江桥隧管理设施单独设置时取下限,2 个及以上共同设置时取上限,并应参照《上海市基础设施用地指标(试行)》(沪建交联〔2007〕548 号)中第 8.2.3 条的规定。

9.5.2 本条参考《上海市国省干线公路管理与服务设施专项规划(2015—2030 年)》确定。

9.5.3 本条参考《上海市国省干线公路管理与服务设施专项规划(2015—2030 年)》确定。

10 智能交通服务与管理系统

10.1 一般规定

10.1.2 城市道路作为交通资源,会存在多个交通行业的主管部门,因此智能交通服务与管理系统规划应全面考虑各个交通行业主管部门的需求。

10.1.3 智能交通服务与管理系统规划须与实际的管理体制和机制结合起来,使得规划可实施可落地。

10.2 管理模式

10.2.1 不同交通行业主管部门都应有其本行业管理特点的交通管理中心。

10.2.2 交通管理中心与分中心之间应实现信息互联共享,交通管理中心侧重于调度、应急、指挥、应用等功能,分中心侧重于运营管理功能。

10.3 主要设施

10.3.1 通过城市发展总体规划可以确定交通管理行业的范围,从而确定智能交通服务与管理系统的规划范围。

10.3.2 交通设施的规模在很大程度上决定了智能交通服务与管理系统的规模。相关交通设施规模和智能交通服务与管理系统的规模可分别参见行业标准《城市地下道路工程设计规范》CJJ

221—2015、《公路隧道设计规范》JTG D70/2—2014、《城市道路设计规范》CJJ 37—90 和国家标准《城市道路交通设施设计规范》GB 50688—2011(2019 年版)等规定。

10.3.3 城市道路交通管理中心是道路交通管理的指挥中心,应具备交通信息采集、信息处理和分析、信息发布和交通信号控制等功能,应配置较为完善的计算机网络系统、闭路电视显示监控管理系统和应急求助呼叫中心设备以及机房附属设施等。道路沿线应设置交通信息采集、信息发布诱导、交通信号控制等设施。

10.3.4 城市公交管理中心是公共交通出行的交通指挥调度中心,应具有公交信息采集、公交调度运营、信息发布和信号优先控制等功能,应配置较为完善的计算机网络系统、闭路电视显示监控管理系统和应急求助呼叫中心设备以及机房附属设施等。道路沿线应设置智慧公交停保场、智慧公交车站、信号优先控制等设施。

10.3.5 为了避免道路工程重复施工节约投资,城市道路交通违法取证设施需要充分征询交通管理部门的建设意愿和实际需求,并结合道路交通特性以及产品的性能进行综合考虑。交通违法行为主要包括机动车闯红灯、机动车超速、机动车超限、机动车违停、行人闯红灯、机动车不礼让行人、机动车占用公交专用车道、机动车滞留路口等。交通违法管理中心应配置完善的计算机网络系统,具备交通违法取证、存储、分析等功能。